3ds Max 9 渲染传奇

Lightscape/VRay/finalRender 三剑客

刘正旭 李斌 杨晓杰／编著

中国青年出版社
中国青年电子出版社
http://www.21books.com http://www.cgchina.com

中青雄狮

律师声明

　　北京市邦信阳律师事务所谢青律师代表中国青年出版社郑重声明：本书由著作权人授权中国青年出版社独家出版发行。未经版权所有人和中国青年出版社书面许可，任何组织机构、个人不得以任何形式擅自复制、改编或传播本书全部或部分内容。凡有侵权行为，必须承担法律责任。中国青年出版社将配合版权执法机关大力打击盗印、盗版等任何形式的侵权行为。敬请广大读者协助举报，对经查实的侵权案件给予举报人重奖。

侵权举报电话：

全国"扫黄打非"工作小组办公室　　　　中国青年出版社
010-65233456 65212870　　　　　　　　010-59521255
http://www.shdf.gov.cn　　　　　　　　E-mail: law@cypmedia.com MSN: chen_wenshi@hotmail.com

图书在版编目（CIP）数据

3ds Max 9渲染传奇：Lightscape/VRay/finalRender三剑客／刘正旭，李斌，杨晓杰编著.—北京：中国青年出版社，2007.8

ISBN 978-7-5006-7707-9

I. 3... II. ①刘...②李...③杨... III. 三维－动画－图形软件，3DS MAX 9　IV. TP391.41

中国版本图书馆CIP数据核字（2007）第106646号

3ds Max 9渲染传奇——Lightscape/VRay/finalRender三剑客
刘正旭　李斌　杨晓杰 编著

出版发行：　中国青年出版社
地　　址：　北京市东四十二条21号
邮政编码：　100708
电　　话：　(010) 59521188
传　　真：　(010) 59521111
企　　划：　中青雄狮数码传媒科技有限公司

责任编辑：　肖　辉　林　杉　徐兆源
封面设计：　于　靖

印　　刷：　北京嘉彩印刷有限公司
开　　本：　787×1092　1/16
印　　张：　23.25
版　　次：　2009年4月北京第2版
印　　次：　2009年4月第1次印刷
书　　号：　ISBN 978-7-5006-7707-9
定　　价：　39.90元（附赠1DVD）

本书如有印装质量等问题，请与本社联系　电话：(010) 59521188
读者来信：reader@cypmedia.com
如有其他问题请访问我们的网站：www.21books.com

　　3ds Max 是目前最为流行的一款三维设计软件，在工业造型、影视娱乐、多媒体开发、游戏制作等领域，尤其是在建筑行业当中得到了广泛应用。建筑效果图行业目前是一个绝对热门行业，3ds Max 在建模、灯光、材质、渲染等各方面的长足进步，以及 VRay、Lightscape and finalRender 等高级渲染器的推出与不断完善，促进了效果图行业的蓬勃发展。使用 3ds Max 结合这些渲染器插件制作的效果图，其真实度已经接近照片级别。

　　本书主要针对如何使用 3ds Max 和渲染器制作效果图，通过 10 个实例，对效果图的制作难点进行深入探讨。书中除了详尽叙述使用常规方法建模、打灯、赋材质及渲染等各环节的方法之外，为了满足一部分爱好者的要求，也对最新发布的渲染器 (VRay、Lightscape and finalRender) 的使用方法进行了讲解。它们新的灯光、材质及渲染方式令人耳目一新。过去由于技术上的限制而无法完成的各种效果，现在实现起来易如反掌。本书在制作技术上绝无保留，公开了许多最佳参数设置，力求使读者在最短的时间内掌握建筑效果图的制作技巧。

　　使用渲染器制作效果图是比较复杂的工作，所以对设计人员的要求也比较高。总的来讲，效果图需要有鲜明的灯光效果，配景宁缺勿滥且须与主体搭配和谐，并要具有一定的格调。所以效果图制作者不仅要懂建筑设计、装潢设计，还要具有一定的艺术修养和绘画基本功。因此，有志于从事效果图制作的读者，除了要熟练掌握电脑技术外，还要不断地学习最新的设计理念，不断地提高艺术欣赏力，不断地练习绘画的基本功，只有这样才能不落人后。

　　本书 VRay 范例由刘正旭和李斌制作，Lightscape 范例由李斌制作，finalRender 范例由杨晓杰制作。

　　限于水平和时间，书中难免存在错漏之处，敬请广大读者批评指正。

作　者
2007 年 7 月

3ds Max 9
渲染传奇 Lightscape/VRay/finalRender 三剑客

目录

CONTENTS

CONTENTS

第 1 部分　渲染器理论基础

Lightscape VRay finalRender

3ds Max 渲染器插件的最大特点是能够自动产生全局光照效果，在材质设置方面比 3ds Max 的内置渲染器更加快捷方便。本部分着重介绍 VRay、Lightscape 和 finalRender 3 大渲染器的主要特点、基础设置和系统配置知识，目的是让读者能够在此基础上顺利学习本书后面的实例。

I

Lightscape VRay finalRender

本书附赠 DVD

本书配套光盘为 1 张 DVD，共包含以下 6 个文件夹

● Maps：各章实例涉及到的贴图文件和 IES 文件
● Scenes：各章实例涉及到的的初始及最终场景文件
● 光传文件：Lightscape 部分 3 个实例的输出文件
● 光域网：附赠 500 余种光域网灯光文件及查看工具
● 视频教学 _VRay：15 段共计 100 分钟的教学视频
● 视频教学 _finalRender：6 段共计 70 分钟的教学视频

关于本书附录

如果读者在使用3ds Max软件跟随本书制作实例时感
觉不够顺利，可以参考本书的附录，其中提供了 3ds
Max的一些使用技巧及常见问题的解决办法，并介绍
了 Photoshop 后期处理的常用方法。附录最后一部分
为附赠 DVD 中光域网灯光的渲染效果展示。

第1章 VRay、Lightscape 和 finalRender 渲染器简介

Lightscape VRay finalRender

VRay、Lightscape 和 finalRender 是 3ds Max 用户使用最广泛的渲染器，它们既是竞争对手又可在特效制作上相辅相成。Lightscape 注重实际尺寸下利用真实的灯光照明和材质属性设置进行渲染，非常适合室内效果图制作，推出得也比较早。VRay 和 finalRender 的可控性更强，适合制作任何形式的三维特效，也是当今渲染器家族的主流。本章将介绍这 3 种渲染器的特点，并通过实际渲染作品，让读者对它们的功能有一个感性的认识。

第1节　认识 VRay 渲染器

重点提示

　　VRay 渲染器问世不久即因其快速的全局光照、高质量的视觉效果及简便的操作被广大三维爱好者视为首选渲染器之一。最新版 1.5 R3 全面支持 3ds Max 9，在渲染速度和渲染质量上又有所提升。本节介绍VRay渲染器的特点和主要性能。

　　VRay 是 Chaos Group 公司开发的 3ds Max 渲染插件，主要用于全局光照的渲染，还自带了一系列特殊材质如次表面散射 Fog Color、专用光线跟踪 VRayMtl、焦散 Caustics、全局照明 GI 等。VRay 的特点在于可以使用不同的光照引擎（光照贴图、发光贴图、光子贴图、准蒙特卡罗等），来应对特殊的渲染需求。VRay 在灯光和阴影处理方面也有独到之处，VRayLight 可以快速渲染出真实的光照效果，VRayShadow 可以模拟自然光阴影。VRay 的天光和反射效果非常好，新版本 1.5 R3 推出了 VRaySun 和 VRaySky，真实度达到了照片级别。VRay 渲染器的控制参数很简单，且完全内嵌在 3ds Max 的材质编辑器和渲染场景对话框中，除了自带的光线跟踪材质代替了 3ds Max 自带的 Radiosity 光能传递材质以外，其他类型的材质均支持得很好。VRay 目前在渲染时间上与 Lightscape 和 finalRender 相差无几，渲染设置比较快捷。目前很多制作公司使用 VRay 来制作建筑动画和效果图，就是看中了它设置方便、速度快的优点。

　　如图 1-1 和图 1-2 所示分别为 VRayFur 对象（用于模拟毛发材质）和 VRay Physical Camera 对象（用于模拟物理摄像机操控）的形态。

图 1-1　VRayFur 对象

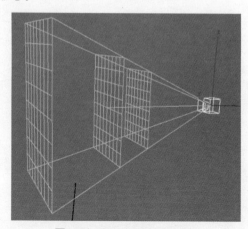

图 1-2　VRay Physical 对象

如图 1-3～图 1-6 所示是使用 VRay 渲染器制作的优秀作品。

图 1-3　VRay 精准的贴图纹理

图 1-4　VRay 的高光反射

图 1-5　VRay 的天光效果

图 1-6　VRay 的夜景效果

第 2 节　认识 Lightscape 渲染器

重点提示

　　Lightscape 是目前世界上惟一同时拥有光线跟踪、光能传递和全息渲染技术的渲染软件。与其他渲染插件相比，其优势主要在于光线模拟、交互性和逐步优化算法。本节介绍 Lightscape 渲染器的特点和主要性能。

　　Lightscape 是 Autodesk 公司的产品，目前的最高版本是 3.2，该渲染器最早在 VIZ 中使用，后来成功应用到 3ds Max 中。Lightscape 是最早由系统自动产生光能传递的渲染工具，特别适合制作建筑效果图。作为一种先进的光照模拟和可视化设计系统，Lightscape 能够在一个三维对象或空间未建造前得到其近于真实效果的精确图像。它同时运用先进的光能传递（Radiosity）和光线跟踪（Ray Trace）两大技术，并提供可灵活修改材料和光源的合理界面。该渲染器有两个半最大的优点，一是可以完全按照施工要求放置相应瓦数的灯光，渲染出来的图像反映了真实光效，而且绝对不会出现其他渲染器的灯光曝光现象；二是控制参数极为简单，真正实现了全智能控制；另外半个优点是 Radiosity 功能，这个功能就像一款新型全自动照相机，将所有图像处理得非常细腻柔和，但带来的负面影响是使图像除了方案以外无任何个性，这就是 Radiosity 的"两面性格"，所以只算是半个优点。在效果图制作方面 Lightscape 的使用率在国内应该是最高的。

　　Lightscape 3.2 是自 Lightscape 公司被 Autodesk 公司收购之后推出的第一个更新版本，因此其用户界面与早期的 Lightscape 用户界面相比有很大的改变。最显著的就是 Lightscape 3.2 的用户界面与 Autodesk 公司的其他产品的用户界面非常相似，如 AutoCAD、3ds Max、3ds VIZ 等。不仅在工具栏中增加了许多快捷命令按钮，而且 Lightscape 3.2 与 AutoCAD 和 3ds Max/VIZ 中功能相同的命令使用了同样的图标。如：移动🔀、旋转🔄、环绕👁、全图🔍、纹理🔲、材质🔲等。

　　如图 1-7～ 图 1-10 所示是使用 Lightscape 渲染器制作的优秀作品。

图 1-7　Lightscape 的灯箱效果

图 1-8　Lightscape 的灯槽效果

图 1-9　Lightscape 的筒灯效果

图 1-10　Lightscape 的反射效果

第 3 节　认识 finalRender 渲染器

重点提示

　　finalRender 渲染器的 final-Toons 卡通渲染插件在影视动画方面几乎是独步天下。最新版 Stage-1 R2 支持 3ds Max 9 的 64 位渲染，在操作界面、工作流程和渲染能力方面有重大改进。本节介绍 finalRender 渲染器的特点和主要性能。

　　finalRender 是德国 **cebas** 公司的产品，与 **VRay** 渲染器相似，最大特点是用于全局光照的渲染，并且提供了一系列诸如 **fR-Advanced**（高级）、**fR-Glass**（玻璃）、**fR-Metal**（金属）等专用材质，包括由 **finalTools** 和 **finalShader** 插件提供的专用材质，用于替代 **3ds Max** 自带的 **Radiosity** 材质。焦散、次表面散射（半透明蜡烛、玉石）等效果更是无一不备。

　　finalRender 从 1999 年就开始陆续推出测试版，**Stage-1** 是 **finalRender** 渲染器的版本号，目前的版本为 **R2**。新版本更改了界面布局，如图 **1-11** 所示。

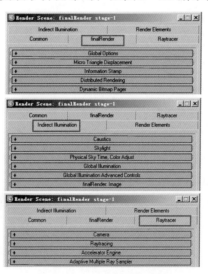

图 1-11　finalRender 界面

　　新版本在渲染引擎方面增加了 **AdaptiveQMC**（高级准蒙特卡罗）渲染引擎，在抗锯齿采样方面改进了画块设置方法，在光线跟踪控制方面增加了高级的场景和动态引擎，在元素渲染方面增加了 **finalRender** 渲染器专用的一系列元素，能够适应所有的 **fR** 特效通道的元素输出。此外，新版本还增加了高级摄影机控制，使画面输出更加方便。

如图 1-12～ 图 1-15 所示是使用 finalRender 渲染器制作的优秀作品。

图 1-12　finalRender 的黄昏效果

图 1-13　finalRender 的天光效果

图 1-14　finalRender 的玻璃效果

图 1-15　finalRender 的反射效果

　　本章简要介绍了 VRay、Lightscape 和 final Render 3 种渲染器的特点。VRay 渲染器的特点是渲染引擎比较丰富，可根据不同的场景进行搭配选用。finalRender 虽然在产品升级上比较谨慎，但凭借强大的材质表现能力和稳定的渲染质量，受到相当一部分三维艺术家的拥护。从目前的使用情况来看，VRay 大有代替 Lightscape 渲染器的势头。

第2章　渲染器基础设置

Lightscape VRay finalRender

VRay、Lightscape 和 finalRender 都是功能非常强大的渲染器，在某些方面各有所长，因此适用于不尽相同的三维领域。在进行实例学习之前，先来通过本章学习一下这3个渲染器的基本使用方法，内容包括如何启动渲染器和渲染器全局光照功能的应用方法。由于篇幅有限，本章对于这3个渲染器的安装方法将不作介绍，读者可以参考其他资料。

第1节　VRay 渲染器基础设置

重点提示

VRay 渲染器通过插件形式安装到 3ds Max 软件中。其功能均可由软件各部分参数面板进行访问，使用十分方便。本节介绍 VRay 渲染器的模块结构、启动方法、材质设置和全局光照引擎的基本设置方法。

VRay 渲染器分 Basic Package 和 Advanced Package 两种版本。Basic Package 具备 VRay 渲染器的基础功能和较低的价格，适合初级用户学习使用。Advanced Package 作为高级版本包含了 VRay 渲染器的全部功能，适合专业 CG 制作人员使用。

[注意]

本书实例将使用 VRay 渲染器的 Advanced Package 版本。VRay 的版本从 1.093 到目前的 1.5，开发过程中有非常多的中间版本，但除了个别功能（如：毛发、置换等）以外，使用方法和参数设置基本相同。本书介绍的一系列功能为 VRay 各个版本所共有，所以本书实例对 VRay 的版本没有特殊要求。

1．VRay 渲染器在 3ds Max 中的模块

VRay 渲染器完全安装后可以在 3ds Max 中的很多地方找到它的踪迹，如：Create（创建）命令面板的 Geometry（几何体）子面板和 Lights（灯光）子面板中，Material/Map Browser（材质/贴图浏览器）中，Modify（修改）命令面板中，Environment and Effects（环境和效果）对话框中，Render Scene（渲染场景）对话框中，甚至是在视图中单击右键时弹出的四元菜单中。这些 VRay 模块的形式各有不同，用途也不一样，所以 VRay 渲染器是一个综合性的 3ds Max 外挂插件。

2．启动 VRay 渲染器

下面介绍如何设置 VRay 渲染器。

每种渲染器安装后都有自己的模块，但 3ds Max 默认状态下会使用默认扫描线渲染器 (Default Scanline Renderer)，不会因为安装某一渲染器插件而改变当前渲染器设置。如果安装后不指定渲染器，则安装的渲染器无法工作。VRay 渲染器也一样。

首先确认已经正确安装了 VRay 渲染器，随后按照下面的步骤手工设置 VRay 渲染器为当前渲染器。

Step 01 启动 3ds Max 9，在任意视图中创建一个对象或打开一个场景文件。

Step 02 在主工具栏中单击 按钮，打开 Render Scene: Default Scanline Renderer （渲染场景：默认扫描线渲染器）对话框，此时对话框中提示默认渲染器为 Default Scanline Renderer，如图 2-1 所示。 现在需要在 Common （公用）选项卡中的 Assign Renderer （指定渲染器）卷展栏中改变当前要使用的渲染器。

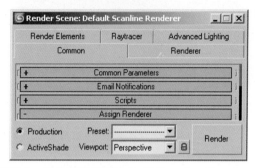

图 2-1　默认渲染器为 Default Scanline Renderer

Step 03 打开 Assign Renderer 卷展栏，当前 Production （产品级）渲染使用的渲染器为 Default Scanline Renderer，如图 2-2 所示。

图 2-2　当前工作的渲染器为 Default Scanline Renderer

Step 04 单击 Production 后面的 按钮，弹出 Choose Renderer （选择渲染器）对话框，在这个对话框中显示了当前可用的所有渲染器，选择 V-Ray Adv 渲染器，如图 2-3 所示。

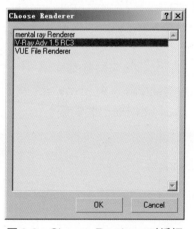

图 2-3　Choose Renderer 对话框

Step 05　单击 OK 按钮。此时 Production 后面的渲染器变为 VRay 渲染器，说明 3ds Max 9 目前的工作渲染器为 VRay，如图 2-4 所示。

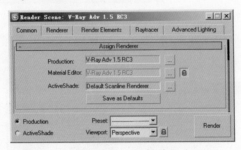

图 2-4　设置目前的工作渲染器为 VRay

如果需要继续使用默认扫描线渲染器，可以再次单击 ... 按钮，在 **Choose Renderer** 对话框中进行设置。3ds Max 中所有渲染器的设置都是在这个对话框中进行的。关于这些渲染器的具体设置方法，将在后面的章节中详细介绍。

此时在 VRay 渲染器的 Renderer （渲染器）选项卡中共有 16 个卷展栏，通过它们可以设置 VRay 的多项参数，如图 2-5 所示。

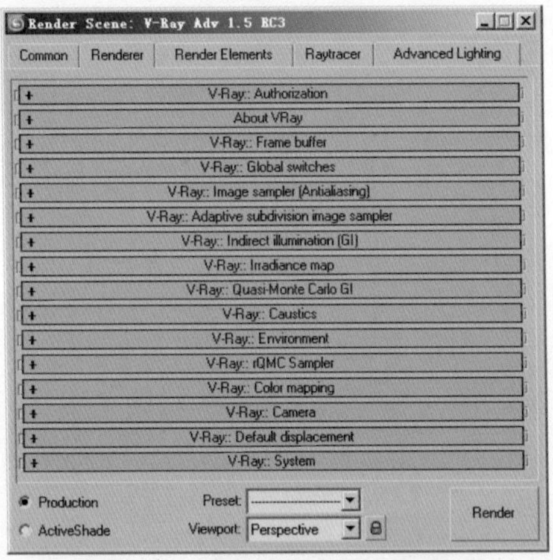

图 2-5　VRay 渲染器的卷展栏

需要注意的是，VRay 渲染器安装完成后需要打开 VRay 的服务，否则设置 VRay 渲染器后，Renderer 选项卡中只会显示如图 2-6 所示的 **V-Ray:: Authorization** （授权）卷展栏，无法显示其他的卷展栏，因此也就不能使用相关功能。

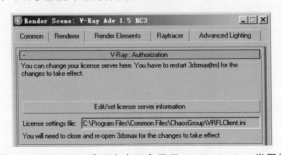

图 2-6　Renderer 选项卡中只会显示 Authorization 卷展栏

启动 VRay 服务的操作步骤如下。

Step 01 运行 vrlserver.exe 文件（安装 VRay 渲染器时指定的路径下），启动 VRay 的服务。

Step 02 启动 3ds Max 9，此时 VRay 渲染器可以正常工作了。

对于使用了 VRay 专用材质的场景文件，如果没有设置 VRay 为当前渲染器，材质编辑器中的 VRay 专用材质会显示为黑色，如图 2-7 所示。只有设置当前渲染器为 VRay，材质编辑器中的 VRay 专用材质才能正常显示。

图 2-7　VRay 专用材质显示为黑色

如果想让 3ds Max 默认状态下使用 VRay 渲染器，可以在 Assign Renderer 卷展栏中设置好 VRay 渲染器后，单击 Save as Defaults（保存为默认设置）按钮。这样，下次启动 3ds Max 后，系统默认使用的渲染器就是 VRay。

3．VRay 渲染器使用基础

下面通过使用 VRay 渲染器制作一个具有全局光照效果的场景，来学习 VRay 的基本用法。

Step 01 建立一个如图 2-8 所示的场景（或打开本书配套光盘 \Scenes\Scene.max 文件）。场景中使用了一盏普通的目标平行光 Direct01。

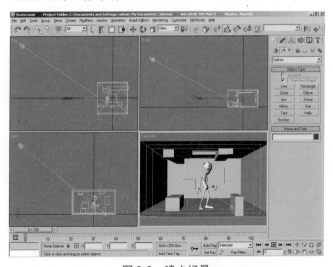

图 2-8　建立场景

Step 02 渲染场景，效果如图 2-9 所示。默认的渲染结果没有任何光能传递效果。

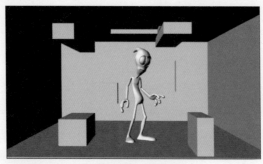

图 2-9　默认渲染效果

Step 03 按 F10 键打开渲染场景对话框，在 Common 选项卡中设置当前渲染器为 VRay，进入 Renderer 选项卡，在 V-Ray:: Indirect illumination (GI)（间接照明）卷展栏中勾选 On（启用）复选框，打开间接照明功能，如图 2-10 所示。

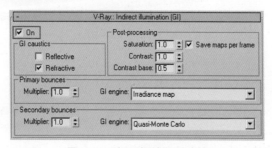

图 2-10　打开间接照明功能

Step 04 重新对摄影机视图进行渲染。此时渲染速度比较缓慢，渲染完成后将看到画面产生了全局光照的效果，如图 2-11 所示。这就是产生全局光照的基本方法，在本书后面章节的实例中将会学习使渲染速度加快的技巧。

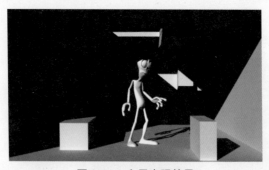

图 2-11　全局光照效果

Step 05 VRay 渲染器提供了天光功能。在 V-Ray:: Environment（环境）卷展栏的 GI Environment (skylight) override 选项组中勾选 On 复选框，如图 2-12 所示。

图 2-12　打开天光功能

Step 06 重新进行渲染。此时蓝色的天光与环境光形成了补光效果，如图 2-13 所示。

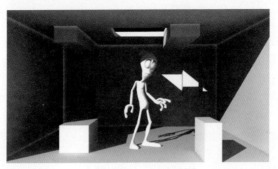

图 2-13　天光效果

Step 07 按 M 键打开材质编辑器，选择一个空白样本球，单击 Standard （标准）按钮，在弹出的对话框中选择 VRayMtl 材质。这是 VRay 渲染器提供的专用材质，如图 2-14 所示。单击 OK 按钮。

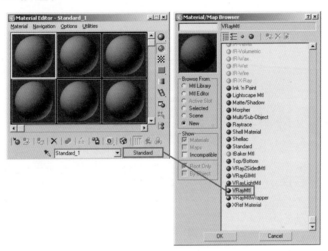

图 2-14　选择 VRayMtl 材质

Step 08 下面来调制一个玻璃材质。玻璃材质具有透明和反射属性，在 VRayMtl 参数面板的 Basic parameters （基本参数）卷展栏中提供了一些实用的材质属性调节功能。在 Diffuse（漫反射）选项组中设置玻璃的颜色为白色。在 Reflection （反射）选项组中设置反射的颜色为灰色。勾选 Fresnel reflections （菲涅尔反射）复选框，这是一个产生真实反射的功能。在 Refraction （折射）选项组中设置颜色为纯白色，纯白色代表完全透明。设置 IOR （折射率）为 1.6，这是透明玻璃的真实折射率，如图 2-15 所示。参数面板中还有很多参数，比如 Refl. glossiness （模糊反射）、Fog color （次表面散射）等，将在后面的实例中进行学习。

Step 09 现在玻璃材质具有了反射属性，它将反射场景中其他对象的颜色和背景色。下面为背景设置一个贴图，以使玻璃表面能够产生真实的反射图像。按 8 键打开 Environment and Effects 对话框，单击 None 按钮，在弹出的材质/贴图浏览器对话框中选择 Bitmap （位图），单击 OK 按钮，在弹出的 Select Bitmap Image File （选择位图图像文件）对话框中选择一个图片（本书配套光盘\Maps\1019.jpg），如图 2-16 所示。

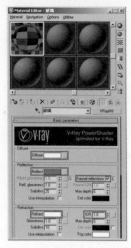
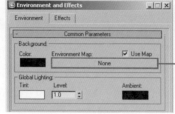

图2-15　设置玻璃材质的参数　　　　图2-16　设置背景贴图

Step 10 将玻璃材质赋给场景中的人物模型，再次渲染场景，最终渲染效果如图2-17所示。可以看到人物变透明了。

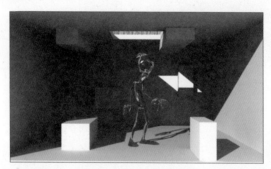

图2-17　最终渲染效果

第2节　Lightscape 渲染器基础设置

重点提示

　　Lightscape 是独立的渲染器，可脱离3ds Max 运行。本节介绍 Lightscape 渲染器的模块结构、文件的导入导出方法、设置材质和全局光照引擎的基本流程。

Lightscape 渲染器具有独立的界面和模块，它更像是一个单独的软件。使用的基本方法是在 3ds Max 中制作好模型及材质贴图和灯光后进行文件导出，然后再打开 Lightscape 渲染器进行渲染设置。

1．Lightscape 渲染器的模块

Lightscape 渲染器是一款单独的渲染编辑软件，包含图层面板、材质面板、图块面板和光源面板，它们都可以通过工具栏中的各种工具，单独调整对象的渲染效果。它的渲染结果可以输出成各种格式和尺寸的图像，以满足用户的各种需求。

2．启动 Lightscape 渲染器

下面讲解如何启动 Lightscape 渲染器，并介绍各个面板。

Step 01　Lightscape 安装完成后，双击桌面上的　图标，启动 Lightscape 渲染器，其主界面如图 2-18 所示。

图 2-18　Lightscape 渲染器主界面

Step 02　依次单击工具栏中的　　　　按钮，弹出图层面板、材质面板、图块面板、光源面板，如图 2-19 ～ 图 2-22 所示。

图2-19　图层面板　　　图2-20　材质面板　　　图2-21　图块面板　　　图2-22　光源面板

◆ 图层面板：图层面板主要是用于隐藏和显示场景中的对象，以方便用户对一些对象进行单独操作。

◆ 材质面板：材质面板主要是用来对场景中的对象进行材质的添加和设置。

◆ 图块面板：图块面板主要是用来对场景中的对象进行编辑。

◆ 光源面板：光源面板主要是用来对场景中的灯光进行添加和设置。

3．Lightscape 渲染器使用基础

下面通过使用 Lightscape 渲染器渲染一个室内场景，来学习 Lightscape 的基本用法。

Step 01　在 3ds Max 9 中建立一个如图 2-23 所示的场景（或打开本书配套光盘 \Scenes\ LSScene.max 文件）。场景中使用了一盏普通的泛光灯 Omni01。

02 单击菜单栏中的 File（文件）> Export（导出）命令，弹出 **Select File to Export**（选择要导出的文件）对话框，设置文件名和文件类型，如图 2-24 所示。

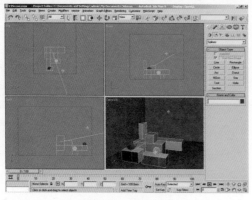

图 2-23　建立场景

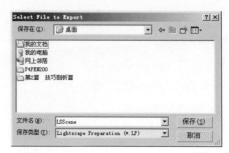

图 2-24　Select File to Export 对话框

03 单击"保存"按钮，打开 **Export Lightscape Preparation File**（导入 Lightscape 准备文件）对话框，设置它的参数如图 2-25 所示。

图 2-25　设置导出参数

04 单击 OK 按钮，完成模型的输出。

05 启动 Lightscape，单击菜单栏中的"文件>打开"命令，打开刚才保存到桌面上的 LSScene.LP 文件，如图 2-26 所示。

06 单击菜单栏中的"视图>打开"命令，打开桌面上的 Camera01.vw 文件，载入场景视图文件，如图 2-27 所示。

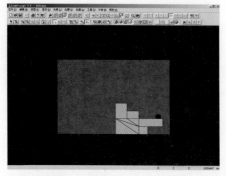

图 2-26　打开 Lsscene.LP 文件

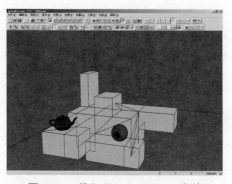

图 2-27　载入 Camera01.vw 文件

Step 07 调整对象的材质参数，如图2-28～图 2-31 所示。

图 2-28　"房子"材质参数设置

图 2-29　"壶"材质参数设置

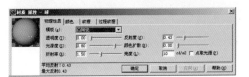

图 2-30　"球"材质参数设置

图 2-31　"台子"材质参数设置

Step 08 调整场景灯光参数，如图 2-32 所示。

Step 09 设置场景中日光参数。单击菜单栏中的"光照＞日光"命令，弹出 **日光设置** 对话框，设置参数如图 2-33～ 图 2-35 所示。

图 2-32　Omni01 参数设置

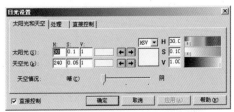

图 2-33　太阳光和天空光参数设置

图 2-34　处理参数设置

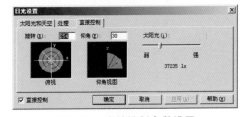

图 2-35　直接控制参数设置

Step 10 进行初始化设置。单击工具栏中的"处理＞参数"命令，弹出 **处理参数** 对话框，如图 2-36 所示。单击"向导"按钮，弹出 **质量** 对话框，参数设置如图 2-37 所示。单击"下一步"按钮，弹出 **日光** 对话框，参数设置如图 2-38 所示。单击"完成"按钮完成设置。

Step 11 单击工具栏中的 **初** (初始化) 按钮，初始化场景。单击工具栏中的 **始** (开始) 按钮进行场景的光能传递，完成时的效果如图 2-39 所示。

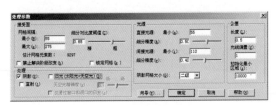

图 2-36　处理参数对话框

图 2-37　质量对话框参数设置

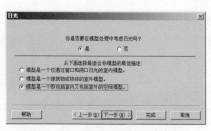

图 2-38 日光对话框参数设置

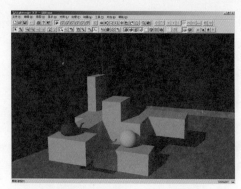

图 2-39 光能传递后的场景

Step 12 观察光能传递后的场景，进行第 2 次灯光和材质的调整。最后调整场景属性。单击菜单栏中的"文件>属性"命令，弹出 **文件属性** 对话框，设置参数如图 2-40 和图 2-41 所示。

图 2-40 显示参数设置

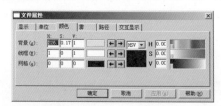

图 2-41 颜色参数设置

Step 13 设置场景渲染出图的文件名称、类型和尺寸。单击菜单栏中的"文件>渲染"命令，弹出 **渲染** 对话框，设置参数如图 2-42 所示。

图 2-42 渲染参数设置

Step 14 单击"确定"按钮开始渲染场景，过程如图 2-43 所示。最终渲染效果如图 2-44 所示。以上就是 Lightscape 渲染器最基本的设置方法。

图 2-43 渲染过程

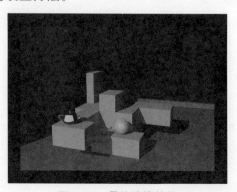

图 2-44 最终渲染效果

第 3 节　finalRender 渲染器基础设置

重点提示

　　与 VRay 类似，finalRender 也是以 3ds Max 的插件形式出现的。新版本在界面上有较大改变，但所有功能仍可通过参数面板访问。本节介绍 final-Render 渲染器的模块结构、启动方法、材质设置和全局光照引擎的基本设置方法。

1. finalRender 渲染器在 3ds Max 中的模块

　　finalRender 渲染器与 VRay 渲染器很相似，安装后会在 3ds Max 的多个参数面板与对话框中出现 finalRender 的相关设置工具。

2. 启动 finalRender 渲染器

　　finalRender 渲染器的启动方法与 VRay 渲染器几乎相同，这两款渲染器的结构也很相似。启动 finalRender 渲染器的方法请参考 VRay 渲染器的相关章节，这里不再赘述。

3. finalRender 渲染器使用基础

　　下面通过使用 finalRender 渲染器制作一个具有全局光照效果的场景，来学习 finalRender 的基本用法。

Step 01　在 3ds Max 9 中建立一个如图 2-45 所示的场景（或打开本书配套光盘 \Scenes\ fRScene.max 文件）。场景中使用了一盏普通的泛光灯 Omni01。

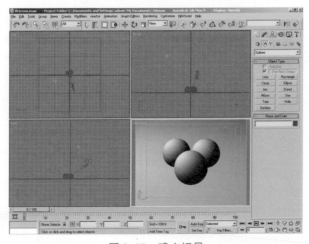

图 2-45　建立场景

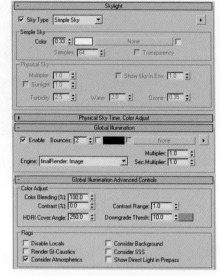

Step 02 按 F10 键打开 Render Scene 对话框，设置当前渲染器为 finalRender，如图 2-46 所示。

Step 03 进入 Indirect Illumination 选项卡，设置参数如图 2-47 所示。

图 2-46　设置 finalRender 渲染器　　　　图 2-47　设置全局照明参数

Step 04 渲染摄影机视图，效果如图 2-48 右图所示（图 2-48 左图为使用默认扫描线渲染器的渲染效果）。可以看到使用 finalRender 渲染器产生了全局光照效果。

图 2-48　渲染效果对比

Step 05 下面给灯光设置 finalRender 专用阴影。选择泛光灯，在 ☑（修改）命令面板中设置阴影样式为 fR-Area Shadows，这是面积阴影。在 fR-Area Shadows 卷展栏中设置参数如图 2-49 所示。Radius（半径）参数控制灯光尺寸，尺寸越大阴影越模糊。

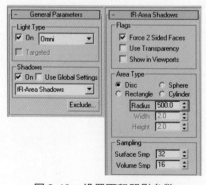

图 2-49　设置面积阴影参数

如图 2-50 所示是 Radius 参数为 100 和 500 时的效果对比。

图 2-50　面积阴影效果

06 下面用 finalRender 专用的材质来体现圆球的金属质感。按 M 键打开材质编辑器，选择一个空白样本球，单击 Standard 按钮，在弹出的对话框中选择 fR-Metal，这是金属材质。设置参数如图 2-51 所示，Reflect 代表反射，Reflectivity 为反射率，Specular Highlight 选项组可进行高光设置。

07 下面设置玻璃材质。选择一个空白样本球，单击 Standard 按钮，在弹出的对话框中选择 fR-Glass，这是玻璃材质。设置参数如图 2-52 所示。Reflection 是反射选项组，Refraction 是折射选项组，IOR 是折射率，这里设置玻璃的折射率为 1.5。

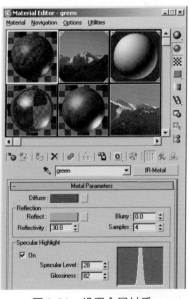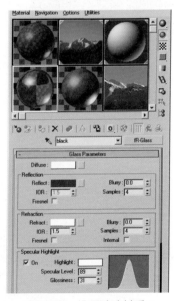

图 2-51　设置金属材质　　　　　图 2-52　设置玻璃材质

08 将金属材质复制一个，修改它的颜色，并将 Blurry（模糊）设置为 80，Blurry 代表金属反射的模糊效果，这里将金属设置为磨砂效果。分别将这 3 种材质赋予 3 个球体，渲染效果如图 2-53 所示。

图 2-53　材质渲染效果

Step 09　此时圆球表面的反射图像为黑色，这需要手工设定反射图像。 在 Raytracer（光跟踪器）选项卡的 Raytracing 卷展栏中，单击 None 按钮前的单选按钮后，单击 None 按钮，设置贴图为本书配套光盘 \Maps\Mountains.jpg，这是一个风景反射图像，如图 2-54 所示。

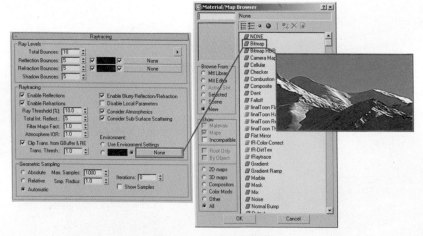

图 2-54　设置反射图像

Step 10　渲染摄影机视图，最终效果如图 2-55 所示。以上就是 finalRender 渲染器最基本的全局光照和材质设置方法。

图 2-55　最终效果

本章学习了 VRay、Lightscape 和 finalRender 这 3 个渲染器的启动方法和全局光照材质的基本设置方法。这只是一个开始，在后面的章节中将会深入学习这 3 个渲染器在实际案例中的应用技巧。

第3章 优化系统和场景

Lightscape VRay finalRender

俗话说：磨刀不误砍柴工。合理优化系统和场景对于制作 CG 项目非常重要，有利于快速完成设置，节约渲染时间。在正式开始创作之前，花费一些时间优化工作系统和场景，并养成良好的建模习惯，都将有助于后面的制作工作。本章将从最基本的软硬件配置和场景制作几个方面来介绍如何对系统和场景进行最优化设置。

第 1 节　硬件系统

重点提示

　　软件的性能高低很大程度上取决于硬件系统的优劣，而三维制作时的渲染这一步骤恰恰需要较快的 CPU 速度、较大的内存和硬盘容量以保证渲染的快速和稳定进行。本节介绍适合使用渲染器的硬件系统。

1．硬盘容量

　　从系统的性能和安全性考虑，制作三维场景时电脑硬盘的第一个分区应当在 30GB 左右。因为一个完整的制作系统从前期软件到后期软件，总共需要 10GB 到 15GB 的硬盘空间，在前期和后期制作及渲染的时候，还需要 15GB 左右的硬盘空间作为虚拟内存。在系统完善后应在本机硬盘的另一个分区用 Ghost 程序进行系统镜像。这样一但系统瘫痪或遭受病毒攻击，只要十分钟左右就可以恢复系统，在进行项目制作的时候更需要使用这种方式提高系统的稳定性。

　　硬盘应选择大容量的 IDE、SCSI 接口或串行接口的硬盘，目前市面上 200GB 的硬盘产品是首选。如果这台机器还要负责后期合成，最好采用双 200GB 硬盘的配置，因为后期时会产生大量的中间文件，只有充足的硬盘空间才能保证三维场景的顺利完成。

2．CPU 速度

　　CPU 的速度对渲染的速度起着关键性的作用，太慢的 CPU 不但无法制作比较复杂的三维场景，而且会导致系统的频繁死机，使三维场景的完成成为泡影，既严重影响创作者的情绪，又大量消耗时间。目前的 CPU 市场产品众所周知分为 AMD 公司的 Athlon XP、Athlon MP 和 Intel 公司的 Pentium 4、Xeon 两大阵营。根据笔者的使用经验和有关网站的测试结果，运行 3ds Max 软件在性价比上应首选 AMD 公司的 Athlon 系列 CPU，而且 3ds Max 专门对 AMD Athlon MP 的 CPU 进行了优化。关于双 CPU 系统的问题，以笔者在实际工作中的经验，一套双 CPU 系统的实际渲染性能不如两套单 CPU 的实际渲染性能，而且当遇到既需要渲染又需要制作场景的情况时，双 CPU 的系统只能同时执行一个任务，两台单 CPU 系统则可以一台渲染一台制作场景，这样工作效率会大幅度提高。从价格方面考虑，双 CPU 系统的价格通常大于或等于两台单 CPU 系统的价格。请读者根据自己的情况选择适合自己的配置。

3．内存容量

内存一般有 512MB 到 1024MB 就足够用了，如果考虑到后期软件就需要扩充到 2048MB。当场景文件达到一定复杂程度的时候将需要大量的物理内存，如果物理内存不够用会使 3ds Max 的运行效率大大降低，系统忙于物理内存与虚拟内存的交换（硬盘灯长亮不灭），这时有再快的 CPU 也无济于事。所以说，大的内存容量对提高三维场景的制作和渲染效率是至关重要的。

第2节　软件系统

重点提示

要想顺利完成场景的渲染，稳定性强、兼容性良好的软件环境是必不可少的。本节介绍适合使用渲染器的软件系统。另外，渲染器自身版本的选择也有讲究。

1．系统平台

3ds Max 1.0~3.0 是可以运行在 Windows 98 系统上的，进入 3ds Max 4 后就必须运行在 Windows NT 环境下了。Windows NT 很稳定，但对于很多硬件及一些多媒体扩展卡在兼容性上已经过时了。Windows XP 是广为使用的新版本，且启动速度快、兼容性能有所改进，但是对于 3ds Max 的众多插件来说兼容性不好。综合上面的因素并考虑到视频后期处理软件，Windows 2000 专业版是首选。三维场景完全可以在这个系统环境下一气呵成，不需要切换到其他的系统。

2．渲染器版本

在使用渲染器时不要盲目追求最新和最高版本。新版本虽然增加了很多新功能，但也会牵扯到很多重新适应的问题，因为新版本有可能重新编写了内核程序，对软硬件的要求更高，甚至存在与过去的老版本不兼容的问题（如：finalRender SP2 和 SP3 版本无法兼容导致死机，VRay 1.46 的次表面散射材质在 1.47 以上版本出现渲染错误现象）。所以如果目前版本已经能够满足制作要求，建议不要轻易更换版本。当然，随着 3ds Max 9 的推出，各大渲染器相继发布了相应的新版本，在经过一段时间的测试之后，用户完全可以放心使用，以更好地满足自身的需要。

第3节　场景建模

重点提示

　　建模是三维设计与制作的首要环节，三维作品完成后出现的缺憾，很大一部分可以归咎为模型不完善。本节介绍适合渲染器的场景建模习惯。

1. 标准建模

　　制作三维场景，特别是建模时要养成一个好的制作习惯。首先需要快速标准地建模，而且模型要能重复利用，以节约资源。什么是标准建模？难道在 3ds Max 中建模不叫标准建模吗？下面就来阐述"标准建模"这一理念，这个理念将贯穿全书。

　　在 3ds Max 中建模之前，通常要花一点时间进行制作前的准备工作，这样在制作过程中会带来很大的方便。

　　下面介绍一下渲染器（尤其是 Lightscape 渲染器）对 3ds Max 模型的制作要求。

　　◆ 用最精简的模型表示对象。例如制作单面模型时，要删除多余的表面。多删除一个多余的面，在光能传递的时候就少算一个面，渲染速度也就会快一点。

　　◆ 模型的比例尺寸一定要正确。系统单位和显示单位都要设置，最好使用毫米单位。

　　◆ 模型之间不能出现相交的现象。使用对齐工具对齐就可以避免该现象了，必要时可使用三维对象的布尔运算中的并集将物体合并。

　　◆ 一定要通过颜色把具有相同纹理材质的对象区分开。Lightscape 渲染器在赋材质的时候认的是颜色，同颜色的表面将被赋给相同的材质。

　　◆ 一般情况下，设定好场景的单位尺寸之后就不要中途修改。否则轻则会使系统精度紊乱，重则会让整个场景报废。

　　◆ 在保证质量的前提下减少不必要的面片数。和制作效果图或者游戏时对模型面片数的要求不同，制作模型时的要求是不要牺牲太多的模型细节，然后在这个基础上尽量减少面片的数量。

　　仔细分析一下制作中的场景就会发现，模型中有许多的面永远也不可能在场景中出现。图 3-1 所示的场景中，两个模型的底面是不可能在视图中显示的，它们已经被删除，这样会有效地提高渲染速度。

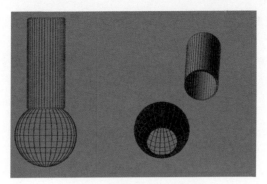

图 3-1　模型的底面被删除

◆ 模型的各顶点或者面片之间要严格对齐，模型中的共用顶点之间也要正确连接，避免两个模型部件用肉眼观察正确，但在几何上交叉到对方内部的情况发生。如图 3-2 所示，阶梯和底座之间是严格对齐的。在建模的时候有必要经常打开 3ds Max 的 Snap Toggle（捕捉切换）按钮，这样会使建模更加精确。对于一些位置上重合但分离的顶点必须使用 Edit Mesh（编辑网格）中顶点的 Weld（焊接）功能将它们焊接成一个顶点，否则会大大降低 3ds Max 的运行效率，因为三维软件在此时已无法很合理地利用模型的拓扑结构了。

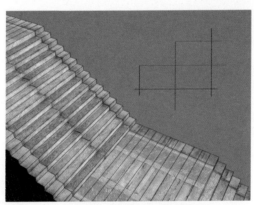

图 3-2　严格对齐顶点

◆ 面片的密度分布要与模型的实际结构相符合。模型中比较精细的部位可以给它分配更多的面数和分段，结构简单的部位则应尽量简化模型面数，不要生成只是在渲染时看上去正确，但面片分配却极不合理的模型。

以上就是标准建模时需要注意的问题，只要具备良好的建模习惯就一定会很快适应这种建模要求，采用这样的建模方法会有效提高工作效率和质量。

2．模型保存

在模型制作完成后，要养成分类保存的习惯，这样做的目的是方便日后对模型进行快速查找和调用。在分类保存时还需注意一点，一定要将模型摆放在 XYZ 轴坐标均为 0 的位置，也就是通常所说的"归零"，这样导入时模型会出现在 3ds Max 坐标系的中心点上，否则有时导入模型后很难找到它的位置在哪里。

本章主要就渲染前的系统与场景优化进行介绍，不要小看这部分工作，它可以对工作进程产生直接而重大的影响。为了进行高效的三维创作，建议读者在优化系统配置的同时，注意培养正确的建模习惯。

第 2 部分　VRay 渲染传奇

VRay 渲染器非常适合制作动画、效果图和影视合成图像。本部分通过 4 个场景实例，介绍了天空光、阳光和灯光照明的设置方法，以及多种材质（如：玻璃、金属、亚光漆木器、半透明的发光灯罩、植物、水果、凹凸纹理的墙面和布料等）的制作方法。在渲染设置方面，根据不同环境使用了各种计算引擎和采样设置，从而能快速渲染出具有全局光照效果的真实感图像。这 4 个场景中包含了很多对象的效果制作技巧，相当于许多个小实例，读者可根据自身情况有选择地进行学习。

II

第 4 章 天空光照射下的客厅
商业效果图制作流程及 VRay 的使用方法

第 5 章 阳光客厅
VRay 中发光贴图引擎及灯光贴图引擎的
用法

第 6 章 蓝色经典
使用 VRay 制作包含丰富质感和光效的场景

第 7 章 私人豪华浴室
VRay 中多种光源及材质的综合设置技巧

技术提示：
VRay 渲染器是目前人气最"火"的渲染器，其简便的操作、精良的图像品质、日
趋完善的功能使其市场占有率逐步提高，大有替代 Lightscape 市场老大地位的趋势。
新发布的 1.50 版本新增了基于流体的运动模糊、基于物理性能的摄像机、Dirt/Ambient
材质、Simian 系列材质、支持 64 位运算等功能，从而使得 VRay 渲染器提升到了一
个更高的层次。

第4章 天空光照射下的客厅

Lightscape VRay finalRender

本章实例是一个天空光照射下的客厅。客厅顶部、沙发、木地板等多用直线条来表现，给人简洁大方的感觉。客厅设计的出彩之处在于现代主义风格和后现代主义风格的并存。与现代主义简洁实用、"功能决定形式"、"少即是多"的原则相反，后现代主义强调建筑的复杂性和矛盾性，反对简单化、模式化，讲求人情味，崇尚隐喻与象征的手法，大胆地运用装饰和色彩，提倡多样化和多元化。用非传统的方法来运用传统，以不熟悉的方式来表现熟悉的东西，把传统的构件组合在新的情景之中，让人产生很多的联想。

第1节　导入 CAD 文件

重点提示

　　许多室内效果图的制作都是从导入 CAD 文件开始的。这样可以快速获取建筑某几个方位（如顶面、正立面、侧立面）的结构，提升建模的速度和精度。本节就来介绍导入 CAD 文件到 3ds Max 中的方法。

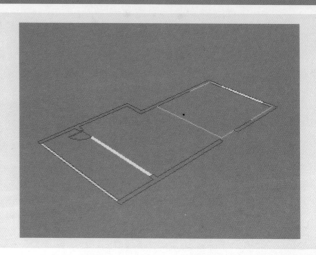

Step 01 在 3ds Max 9 的主菜单栏中单击 File（文件）>Import（导入）命令，在弹出的 **Select File to Import** 对话框中选择本书配套光盘 \Scenes\04_CAD.dwg 文件，如图 4-1 所示。

Step 02 此时将弹出 **AutoCAD DWG/DXF Import Options** 对话框，如图 4-2 所示。

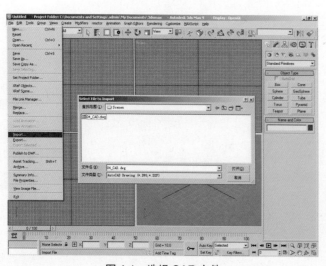

图 4-1　选择 CAD 文件

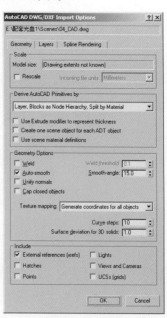

图 4-2　AutoCAD DWG/DXF Import Options 对话框

[注意]　在导入 CAD 文件时应正确选择文件的类型，这里选择的是 AutoCAD Drawing（*.DWG，*.DXF）格式。

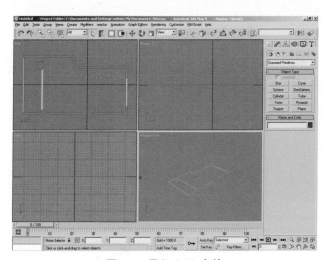

图 4-3　导入 CAD 文件

Step 03 单击 O K 按钮开始导入。04_CAD.dwg文件被导入后的效果如图 4-3 所示。

第 2 节　创建模型

重点提示

上一节完成了 CAD 文件的导入，好比为这间客厅打好了地基，下面的工作是让客厅"立"起来，并添加各类家具和装饰品。本节介绍场景模型（墙体、茶几、沙发、灯具、画框等）的创建方法。

1．创建墙体

Step 01 在 Top（顶）视图中选择导入的所有对象，单击右键，在弹出的四元菜单中单击 Freeze Selection（冻结当前选择）命令，冻结对象，如图 4-4 所示。

图 4-4　冻结导入的对象

[35]

Step 02 单击主工具栏中的 按钮，启用 2.5 维捕捉。进入 （创建）命令面板，单击 （几何体）下的 Box （长方体）按钮，依照被导入场景中的墙体轮廓创建一个长方体，如图 4-5 所示。

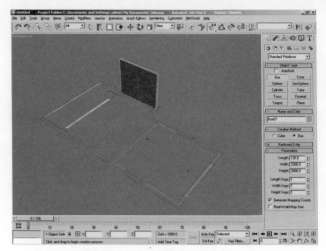

图 4-5　创建一个长方体

Step 03 在 （创建）命令面板中，单击 （图形）下的 Rectangle （矩形）按钮，在 Right （右）视图中创建两个矩形，如图 4-6 所示。

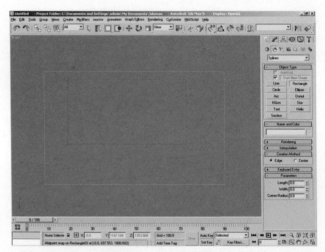

图 4-6　创建两个矩形

Step 04 选择其中一个矩形，进入 （修改）命令面板，为其添加 Edit Spline （编辑样条线）修改器。单击 Geometry 卷展栏中的 Attach （附加）按钮，在视图中拾取另一个矩形，将两者合并为一个对象，如图 4-7 所示。

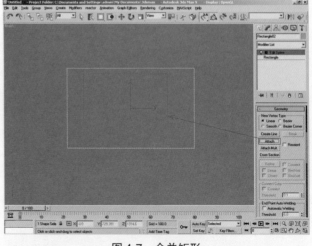

图 4-7　合并矩形

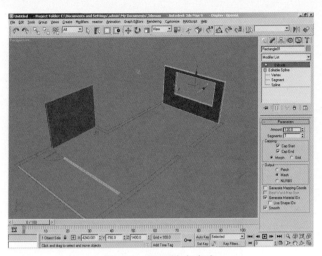

图 4-8　设置挤出高度

Step 05 在 📖（修改）命令面板中，为合并后的图形添加 Extrude（挤出）修改器，设置 Amount（数量）为 120mm，如图 4-8 所示。

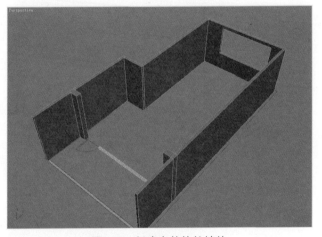

图 4-9　创建出其他的墙体

Step 06 使用同样的方法依次创建出其他的墙体，如图 4-9 所示。模型效果请参考本书配套光盘\Scenes\04_01.max 文件。

2．创建窗户、地面、顶面

Step 01 创建窗框。进入 🔧（创建）命令面板，单击 ⦿ 下的 Rectangle 按钮，在 Right 视图中创建矩形，如图 4-10 所示。

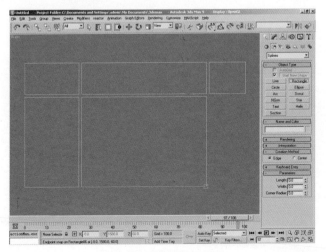

图 4-10　创建窗户矩形

Step 02 单击 下的 Line （线）
按钮，创建出窗框的外轮
廓，如图 4-11 所示。

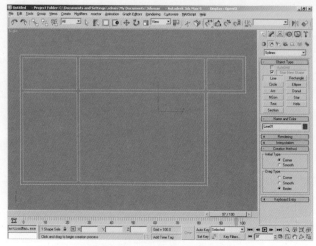

图 4-11 创建窗框的外轮廓

Step 03 在视图中单击右键，在弹出
的四元菜单中单击 Attach 命
令，如图 4-12 所示，然后在
视图中拾取其他的矩形，将
它们合为一个整体。

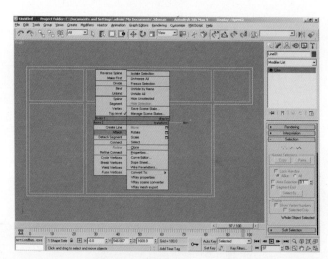

图 4-12 将矩形合为一个整体

Step 04 进入 （修改）命令面板，
为其添加 Extrude 修改器，在
Parameters （参数）卷展栏中
设置 Amount 为 100mm，如图
4-13 所示。

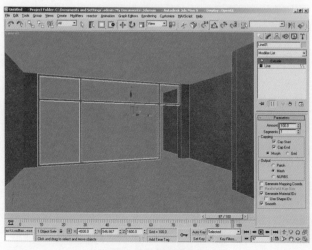

图 4-13 挤出窗户

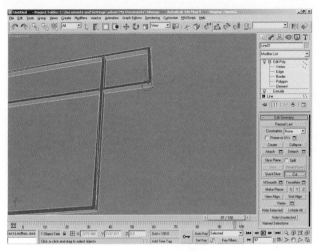

图4-14 分割表面

进入 📝（修改）命令面板，为其添加 Edit Poly（编辑多边形）修改器，进入 Vertex（顶点）子对象层级，单击 Cut（切割）按钮，如图4-14所示分割出对象的表面，并调整新增顶点的位置。

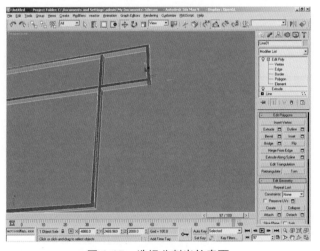

图4-15 选择分割出的表面

进入 Polygon（多边形）子对象层级，选择分割出的表面，如图4-15所示。

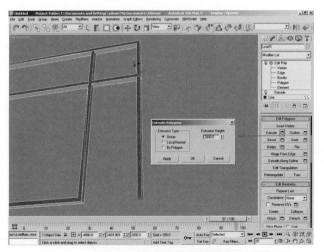

图4-16 挤出被分割的表面

单击 Extrude 旁的□按钮，在弹出的 **Extrude Polygons**（挤出多边形）对话框中设置 Extrusion Height（挤出高度）为2000mm，单击OK按钮，如图4-16所示。

Step 08 下面创建窗户玻璃。在 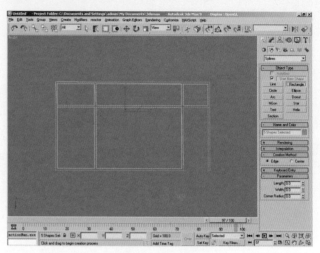（创建）命令面板中，单击 下的 Rectangle 按钮，在 Right 视图中沿窗框内侧依次创建 矩形，如图 4-17 所示。选 择其中一个矩形，进入 （修改）命令面板，为其添 加 Edit Spline （编辑样条线） 修改器。单击 Geometry 卷展 栏中的 Attach 按钮，在视图 中拾取其他的矩形进行合 并，如图 4-18 所示。

图 4-17　创建矩形

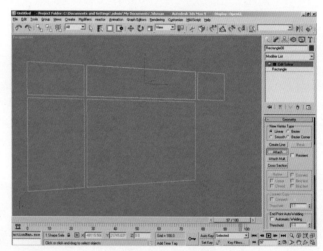

图 4-18　合并矩形

Step 09 进入 （修改）命令面板， 为其添加 Extrude 修改器，在 Parameters 卷展栏中设置 Amount 为 10mm，如图 4-19 所示。

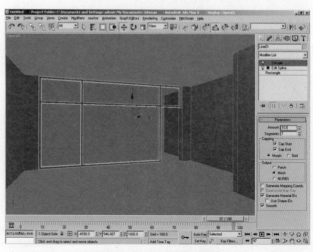

图 4-19　为玻璃挤出厚度

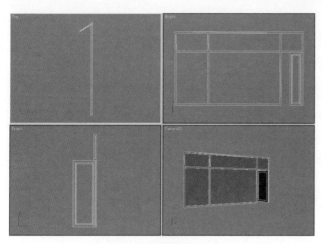

图4-20 创建阳台平开门

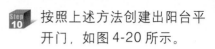 按照上述方法创建出阳台平
开门，如图4-20所示。

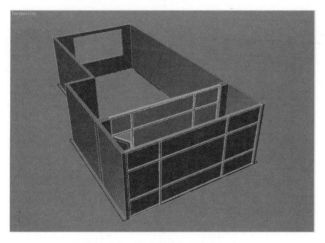

图4-21 创建阳台外侧的窗户

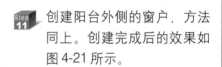 创建阳台外侧的窗户，方法
同上。创建完成后的效果如
图4-21所示。

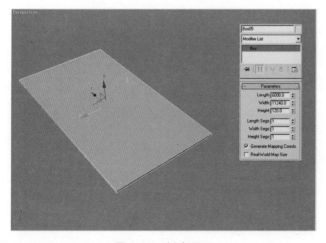

图4-22 创建顶面

创建顶面。在 （创建）命
令面板中，单击 下的
Box 按钮，在Top视图
中创建顶面，在Perspective
（透视）视图中的效果和参
数设置如图4-22所示。

Step 13 在 Top 视图中单击右键，在弹出的四元菜单中单击 Convert To: > Convert to Editable Poly（转换为可编辑多边形）命令，将对象转换为 Polygon（多边形）（转换为多边形的方法以后不再详述）。进入 （修改）命令面板，在 Edge（边）子对象层级下，选择所有横向的分段，然后单击 Connect（连接）旁的 按钮，参数设置如图 4-23 所示。继续在 Edge 子对象层级下，选择如图 4-24 所示的线段。

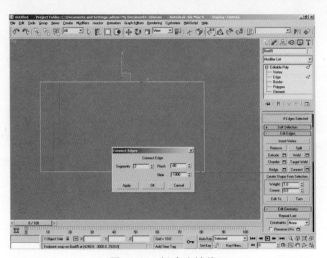

图 4-23　创建连接线

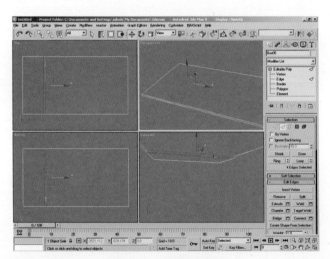

图 4-24　选择连接线

Step 14 单击 Connect 旁的 按钮，创建纵向连接线，参数设置如图 4-25 所示。

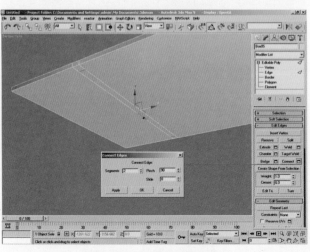

图 4-25　创建纵向连接线

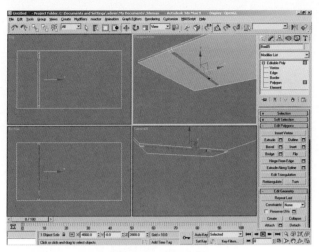

图 4-26　选择表面

Step 15 进入 Polygon 子对象层级，选择如图 4-26 所示的表面。

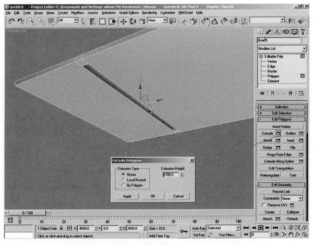

图 4-27　创建顶部窗帘盒凹槽的造型

Step 16 单击 Extrude 旁的 □ 按钮，在弹出的 **Extrude Polygons** 对话框中设置 Extrusion Height 为 -100mm，单击 OK 按钮，如图 4-27 所示。顶部窗帘盒凹槽的造型创建完成。

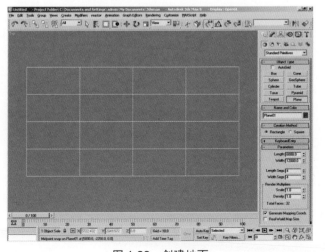

图 4-28　创建地面

Step 17 创建地面。在 （创建）命令面板中，单击 下的 Plane （平面）按钮，在 Top 视图中创建出地面，如图 4-28 所示。

[VRay渲染传奇]

Step 18 对细部进行调整后，客厅的整体框架基本创建完成，如图 4-29 所示。模型效果请参考本书配套光盘\Scenes\04_02.max 文件。

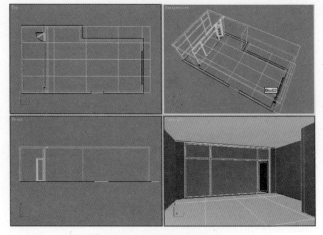

图 4-29 客厅的整体框架

3．创建沙发、茶几

Step 01 创建沙发。首先创建沙发坐垫。在 （创建）命令面板中，单击 下的 Extended Primitives（扩展基本体）下的 ChamferBox（切角长方体）按钮，在 Right 视图中创建对象，具体参数如图 4-30 所示。

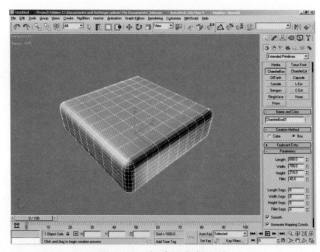

图 4-30 创建切角长方体

Step 02 进入 （修改）命令面板，为其添加 FFD 4x4x4 修改器，在 Control Points（控制点）子对象层级，选择节点并使用移动、缩放等工具进行修改，如图 4-31 所示。

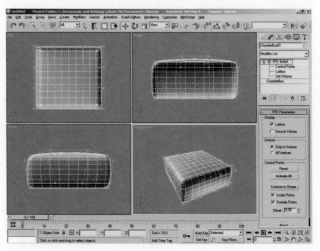

图 4-31 使用 FFD 4×4×4 修改器

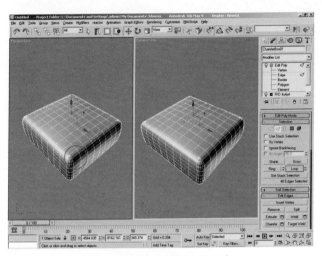

图 4-32 选择闭合的环形边

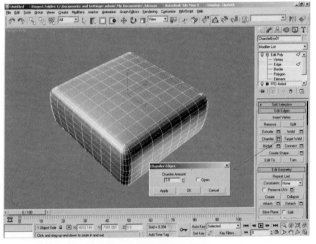

图 4-33 设置切角边

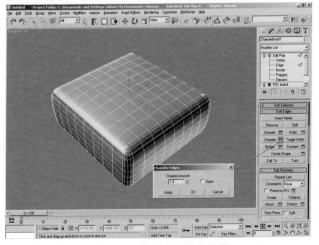

图 4-34 再次进行切角设置

Step 03 进入 （修改）命令面板，为其添加 Edit Poly 修改器。进入 Edge 子对象层级，选择如图 4-32 左所示的线段，单击 Loop （循环）按钮，选择闭合的环形边。

Step 04 单击 Chamfer （切角）旁的 按钮，在弹出的 Chamfer Edges （切角边）对话框中，设置 Chamfer Amount: （切角量）为 3mm，单击 OK 按钮，如图 4-33 所示。

Step 05 继续单击 Chamfer 旁的 按钮，在弹出的 Chamfer Edges 对话框中，设置 Chamfer Amount: 为 1mm，单击 OK 按钮，如图 4-34 所示。

Step 06 在视图中单击右键，在弹出的四元菜单中单击 Convert to Face（转换为面）命令，自动选择与之相关的表面，如图4-35所示。自动选择后的效果如图4-36所示。

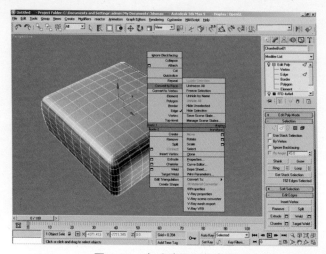

图 4-35　自动选择相关表面

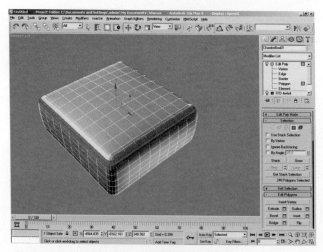

图 4-36　自动选择后的效果

Step 07 单击 Shrink（收缩）按钮两次，选择中间部位的表面，如图4-37所示。

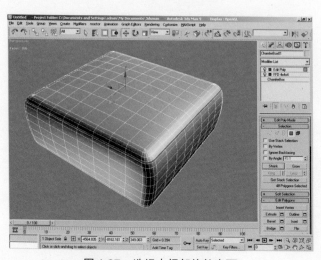

图 4-37　选择中间部位的表面

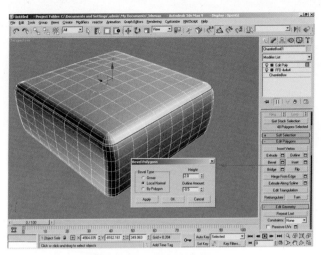

图 4-38　倒角挤出表面

Step 08 单击 Bevel（倒角）旁的□按钮，在弹出的 **Bevel Polygons**（倒角多边形）对话框中，设置 Height:（高度）为 2mm，Outline Amount（轮廓量）为 -0.5mm，单击 OK 按钮完成缝隙制作，如图 4-38 所示。

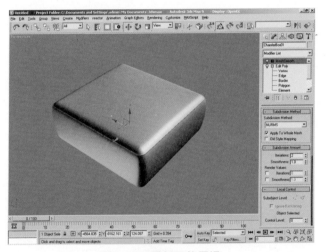

图 4-39　进行网格平滑

Step 09 在 （修改）命令面板中，为其添加 MeshSmooth（网格平滑）修改器，参数设置如图 4-39 所示。一个坐垫的基本造型就制作出来了。

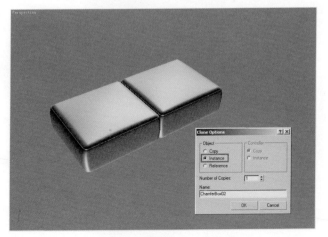

图 4-40　复制出另一个坐垫

Step 10 选择坐垫对象，按住 Shift 键实例（Instance）复制出另一个坐垫，如图 4-40 所示。

[VRay渲染传奇]

Step 11 创建长形坐垫。在 🔧（创建）命令面板中，单击 ◎ 下的 Plane 按钮，在Top视图中创建一个平面，如图 4-41 所示。

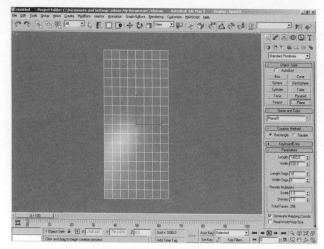

图 4-41　创建平面

Step 12 进入 🔧（修改）命令面板，为平面添加 Edit Poly 修改器。进入 Polygon 子对象层级，在 Top 视图中选择左下角的表面并按 Delete 键删除，完成后的效果如图 4-42 所示。

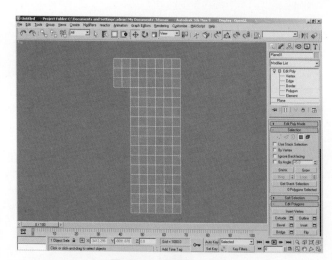

图 4-42　删除多余的面

Step 13 为其添加 Shell（壳）修改器，参数设置如图 4-43 所示。

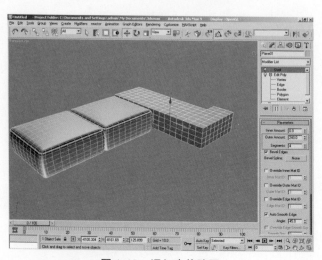

图 4-43　添加壳修改器

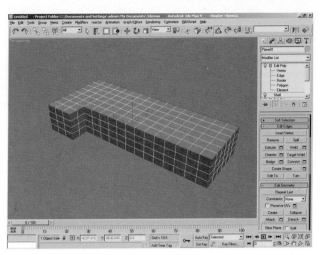

图 4-44　选择边角线段

Step 14　继续在 ✎（修改）命令面板中为其添加 Edit Poly 修改器，进入 Edge 子对象层级，选择该物体所有边角的线段，如图 4-44 所示。

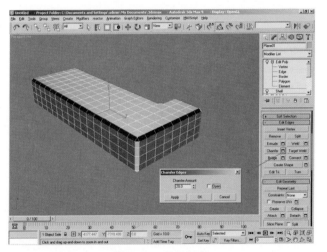

图 4-45　添加切角

Step 15　单击 Chamfer 旁的 □ 按钮，在弹出的 Chamfer Edges 对话框中，设置 Chamfer Amount: 为 20mm，单击 OK 按钮，如图 4-45 所示。

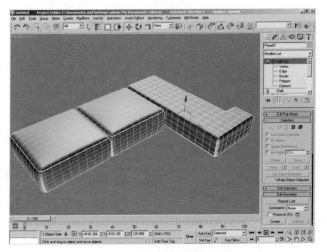

图 4-46　完成后的长形坐垫

Step 16　按照上述方法，再次为对象的边添加切角（称之为倒边），完成后的效果如图 4-46 所示。

Step 17 在 Edge 子对象层级下，选择该对象上部的环形线段，然后单击 Chamfer 旁的 □ 按钮，在弹出的 **Chamfer Edges** 对话框中，设置 Chamfer Amount: 为 3mm，单击OK 按钮，如图 4-47 所示。

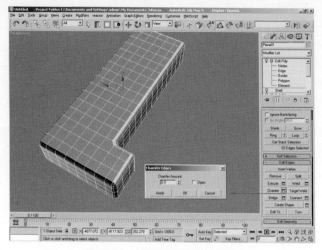

图 4-47 给环形线段添加切角

Step 18 继续单击 Chamfer 旁的 □ 按钮，在弹出的 **Chamfer Edges** 对话框中，设置 Chamfer Amount: 为 1mm，单击 OK 按钮，如图 4-48 所示。

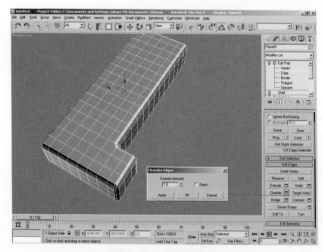

图 4-48 设置切角边

Step 19 在 Polygon 子对象层级下，选择如图 4-49 所示的表面。

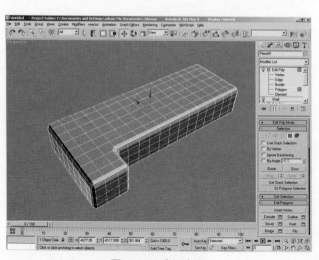

图 4-49 选择表面

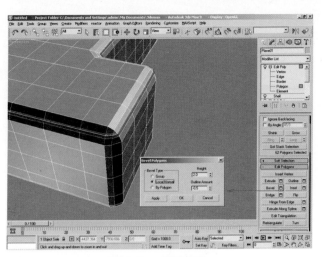

图 4-50　设置倒角

Step 20　单击 Bevel 旁的□按钮,在弹出的 **Bevel Polygons** 对话框中,设置 Height: 为 2mm, Outline Amount 为 -0.5mm,单击 OK 按钮,如图 4-50 所示。

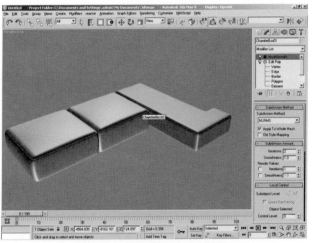

图 4-51　添加网格平滑修改器

Step 21　在 （修改）命令面板中,为其添加 MeshSmooth 修改器,参数设置如图 4-51 所示。

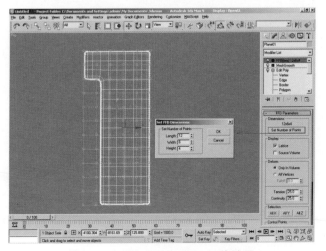

图 4-52　添加 FFD（box）修改器

Step 22　为其添加 FFD(box) 修改器,单击 FFD Parameters 卷展栏中的 Set Number of Points （设置点数）按钮,在弹出的 **Set FFD Dimensions** （设置 FFD 尺寸）对话框中进行控制点数量的设置,如图 4-52 所示。

Step 23 进入 FFD（box）修改器的 Control Points 子对象层级，使用移动、缩放等工具对其节点进行调节，如图 4-53 所示。修改完成的效果如图 4-54 所示。

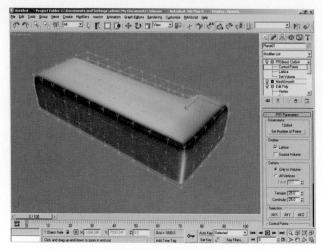

图 4-53　进行变形操作

图 4-54　沙发的效果

Step 24 创建沙发底座。在 （创建）命令面板中，单击 下的 Line 按钮，在 Top 视图中创建出沙发底座的轮廓线框，如图 4-55 所示。

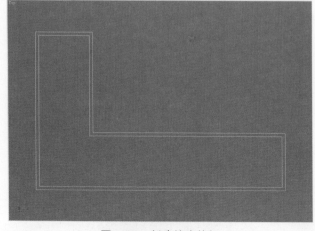

图 4-55　创建轮廓线框

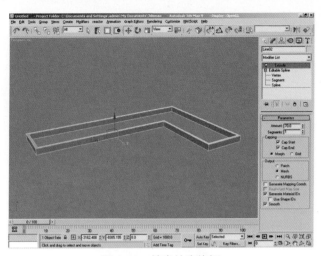

图 4-56　挤出轮廓线框

Step 25　在 📝（修改）命令面板中，添加 Extrude 修改器，设置 Amount: 为 70mm，如图 4-56 所示。

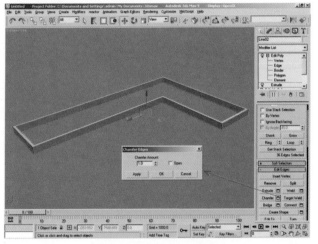

图 4-57　选择切角线段

Step 26　继续添加 Edit Poly 修改器，进入 Edge 子对象层级，选择该物体所有边角的线段，单击 Chamfer 旁的 🔲 按钮，在弹出的 Chamfer Edges 对话框中，设置 Chamfer Amount: 为 1mm，单击 OK 按钮，如图 4-57 所示。完成后的效果如图 4-58 所示。

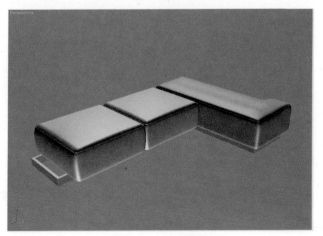

图 4-58　切角效果

[VRay渲染传奇]

Step 27 按照沙发坐垫的制作方法创建出沙发扶手、靠背等对象，创建完成的效果如图4-59和图4-60所示。

图4-59 沙发扶手

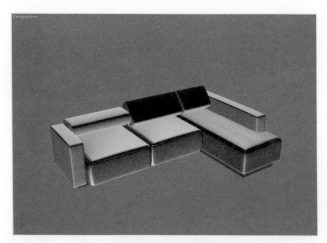

图4-60 沙发靠背

Step 28 创建单座沙发。创建方法与创建多座沙发的方法类似，在此不再赘述，完成后的效果如图4-61所示。

图4-61 单座沙发

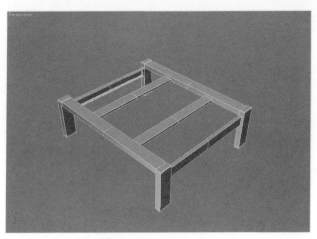

图 4-62　创建茶几底座

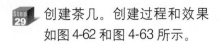

创建茶几。创建过程和效果如图 4-62 和图 4-63 所示。

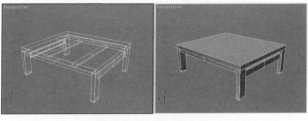

图 4-63　创建茶几顶面

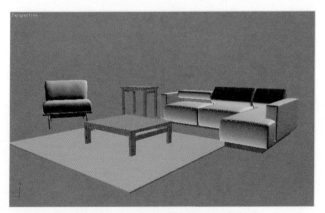

图 4-64　客厅沙发、茶几等对象

使用与步骤 29 类似的方法再创建一个茶几，并创建出一个地毯（长方体）。客厅沙发、茶几等对象创建完成的效果如图 4-64 所示。模型效果请参考本书配套光盘\Scenes\04_03.max 文件。

[VRay渲染传奇]

[提示]

在本书后续实例中将不会详述场景中对象的建模方法，请读者在平时注意多琢磨、多积累。只有打好建模的基本功，才能将更多的精力和时间集中到调制材质、灯光和渲染等环节上来，从而制作出更加逼真的作品。

4．创建灯具

Step 01 创建客厅主灯。首先创建灯座，在 （创建）命令面板中，单击 下的 Box 按钮，在 Perspective 视图中创建对象，如图 4-65 所示。

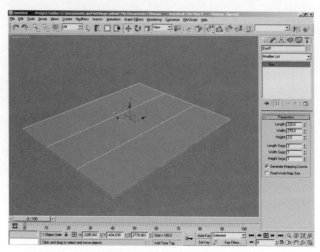

图 4-65　创建灯座平面

Step 02 在 （修改）命令面板中，为其添加 Edit Poly 修改器。进入 Vertex 子对象层级，选择中间的节点，使用缩放工具调整其位置，如图 4-66 所示。

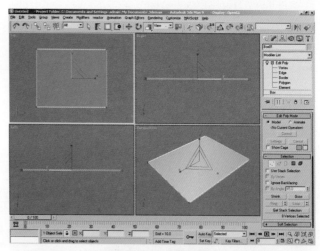

图 4-66　缩放节点

Step 03 进入 Polygon 子对象层级，选择如图 4-67 所示的表面。单击 Extrude 旁的 按钮，在弹出的 Extrude Polygons 对话框中设置如图 4-68 所示，单击 OK 按钮完成挤出设置。

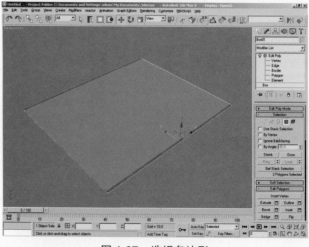

图 4-67　选择多边形

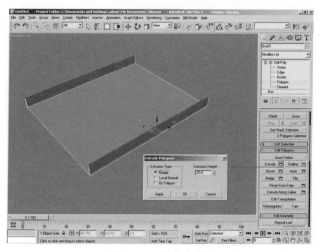

图 4-68　挤出表面

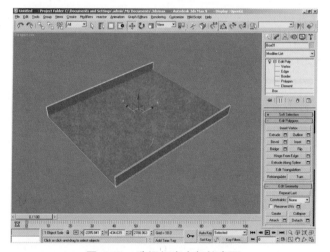

图 4-69　选择灯座内部的表面

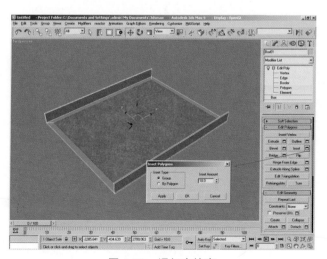

图 4-70　添加内轮廓

Step 04 继续在 Polygon 子对象层级下，选择如图 4-69 所示的表面，单击 Inset （插入）旁的□按钮，在弹出的 **Inset Polygons**（插入多边形）对话框中设置如图 4-70 所示，单击 OK按钮完成设置。

Step 05 单击 `Extrude` 旁的□按钮，在弹出的 **Extrude Polygons** 对话框中设置如图4-71所示，单击OK按钮完成设置。

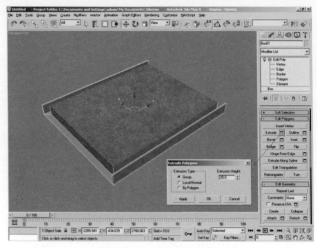

图4-71　挤出内轮廓

Step 06 最后进入 `Edge` 子对象层级，选择该对象所有边角的线段，单击 `Chamfer` 旁的□按钮进行倒边设置，如图4-72所示。

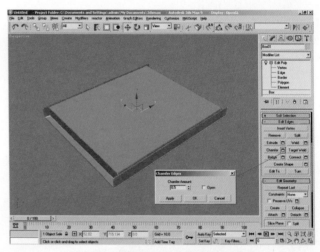

图4-72　选择所有边角线段进行倒边

Step 07 在 （创建）命令面板中，单击 下的 `Cylinder` （圆柱体）按钮，在视图中创建出灯座的挂钩，并对其进行倒边，完成后的效果如图4-73所示。

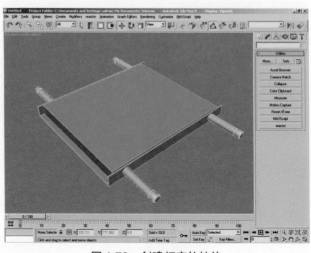

图4-73　创建灯座的挂钩

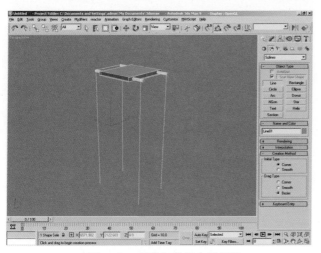

图 4-74 创建灯具的金属吊线

Step 08 创建灯具的金属吊线。在 （创建）命令面板中，单击 下的 Line 按钮，在 Perspective 视图中创建出金属吊线的轮廓线框，如图 4-74 所示。

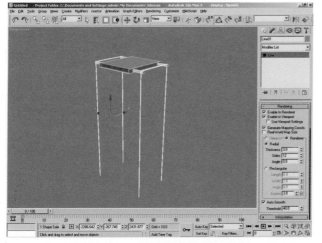

图 4-75 调整灯具的金属吊线

Step 09 进入 （修改）命令面板，在 Line 的 Rendering （渲染）卷展栏中，勾选 Enable In Renderer（在渲染中启用）、Enable In Viewport（在视口中启用）、Generate Mapping Coords（生成贴图坐标）3 个复选框，然后设置半径等参数，如图 4-75 所示。

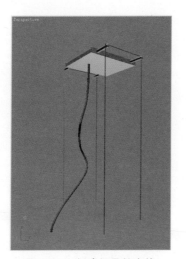

图 4-76 创建灯具的电线

Step 10 按照上述方法创建出灯具的电线，创建完成的效果如图 4-76 所示。

[VRay渲染传奇]

Step 11 在 （创建）命令面板中，单击 下的 Box 按钮，在视图中创建出灯座的底部造型，如图 4-77 所示。

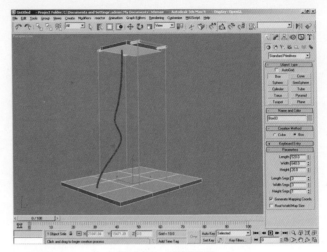

图 4-77　底部造型

Step 12 在 （修改）命令面板中，为其添加 Edit Poly 修改器，进入 Polygon 子对象层级，选择中间的表面按 Delete 键删除，如图 4-78 所示。

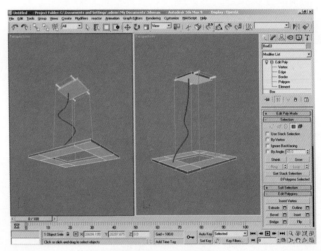

图 4-78　中空造型

Step 13 进入 Border （边界）子对象层级，选择如图 4-79 所示的边，按住 Shift 键进行复制。

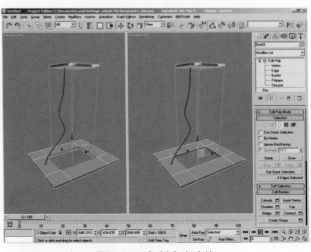

图 4-79　复制中空边缘

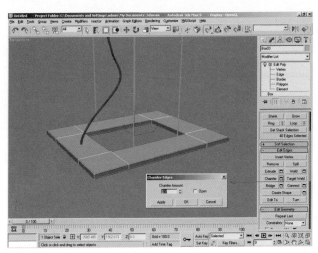

图4-80　为对象倒边

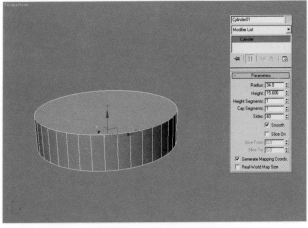

图4-81　创建灯罩底座

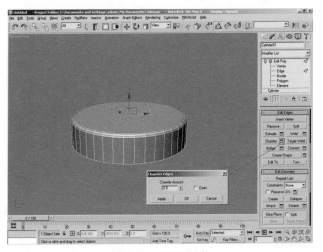

图4-82　环形倒边

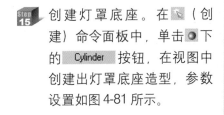

Step14　进入 Vertex 子对象层级，选择所有的顶点，单击 Weld（焊接）按钮焊接。然后进入 Edge 子对象层级，选择所有的边角线段，单击 Chamfer 旁的口按钮进行倒边处理，如图4-80所示。

Step15　创建灯罩底座。在（创建）命令面板中，单击下的 Cylinder 按钮，在视图中创建出灯罩底座造型，参数设置如图4-81所示。

Step16　在（修改）命令面板中，为其添加 Edit Poly 修改器，进入 Edge 子对象层级，选择对象上部的数条环形线段，单击 Chamfer 旁的口按钮进行倒边处理（两次），如图4-82所示。

[VRay渲染传奇]

Step 17 进入 Polygon 子对象层级，选择对象上部的表面，单击 Inset 旁的▣按钮，在弹出的 Inset Polygons 对话框中设置如图4-83所示，单击OK按钮完成设置。

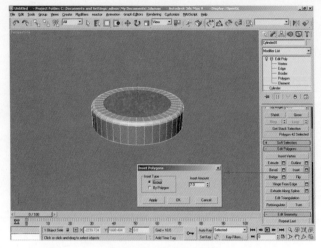

图 4-83 添加内轮廓

Step 18 单击 Extrude 旁的▣按钮，在弹出的 Extrude Polygons 对话框中设置如图4-84所示，单击OK按钮完成设置。

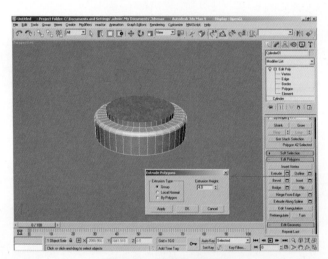

图 4-84 挤出中心部分

Step 19 创建灯头。在 (创建) 命令面板中，单击 下的 Sphere （球体）按钮，在 Perspective 视图中创建对象，如图4-85所示。

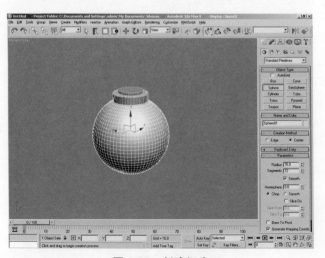

图 4-85 创建灯头

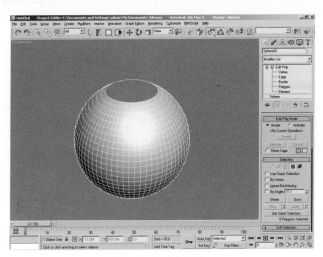

图 4-86　删除表面

在 🖊 (修改) 命令面板中，为其添加 Edit Poly 修改器，进入 Polygon 子对象层级，选择该对象上部与灯头底座交叉的表面按 Delete 键删除，如图 4-86 所示。

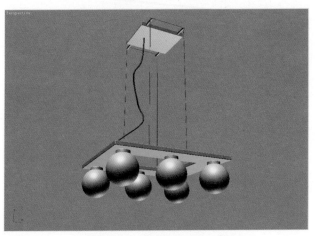

图 4-87　复制灯头和灯头底座

选择灯头和灯头底座，按住 Shift 键复制出其他的灯头和灯头底座对象，如图 4-87 所示。

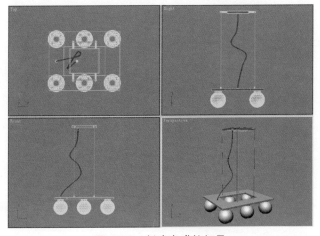

图 4-88　创建完成的灯具

创建出灯具的细部构件，如吊线的螺丝帽等。创建完成的效果如图 4-88 所示。

Step 23 按照创建客厅主灯的方法依次创建出台灯和地灯，创建完成的效果如图 4-89 和图 4-90 所示。模型效果请参考本书配套光盘\Scenes\04_04.max文件。

图 4-89　台灯

图 4-90　地灯

5 . 创建装饰画

Step 01 创建金属框装饰画。在 （创建）命令面板中，单击 ◉ 下的 **Box** 按钮，创建一个长方体，参数设置如图 4-91 所示。

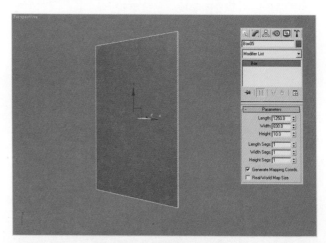

图 4-91　创建装饰画长方体

Step 02 在 ✎（修改）命令面板中，为其添加 **Edit Poly** 修改器，进入 **Polygon** 子对象层级，选择装饰画正立面的表面，单击 **Inset** 旁的 □ 按钮，在弹出的 **Inset Polygons** 对话框中设置如图 4-92 所示，单击 OK 按钮完成设置。

图 4-92　制作中心部分

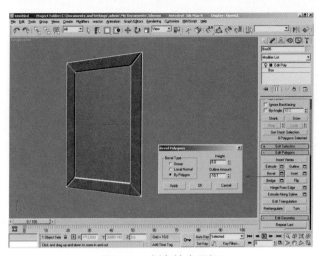

图 4-93　倒角挤出画框

Step 03 选择装饰画边框的表面，单击 Bevel 旁的□按钮，在弹出的 **Bevel Polygons** 对话框中进行参数设置，如图 4-93 所示，单击 OK 按钮。

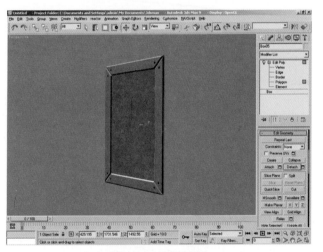

图 4-94　分离画框

Step 04 选择中间画布的表面，如图 4-94 所示，单击 Detach （分离）按钮将其分离。然后创建出边框角上的螺丝帽，创建完成后的效果如图 4-95 所示。

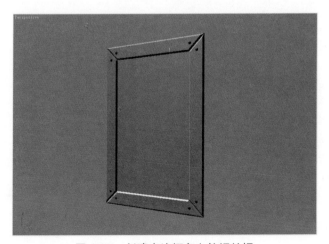

图 4-95　创建出边框角上的螺丝帽

Step 05 创建木框装饰画。在 （创建）命令面板中，单击 下的 Line 按钮，在 Top 视图中勾画出木框装饰画边框的线框轮廓，如图 4-96 所示。

图 4-96 绘制线框轮廓

Step 06 进入 （修改）命令面板，为其添加 Extrude 修改器，在 Parameters 卷展栏中设置 Amount 为 200mm，如图 4-97 所示。

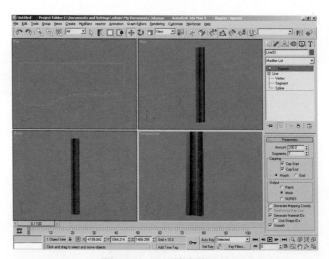

图 4-97 添加挤出修改器

Step 07 为其添加 FFD 2x2x2 修改器，进入 Control Points 子对象层级，使用移动、缩放等工具对其节点进行调节，完成后的效果如图 4-98 所示。

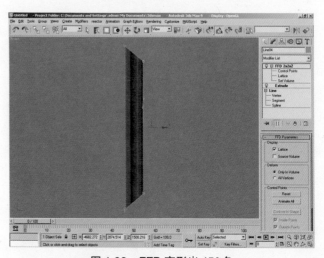

图 4-98 FFD 变形出 45°角

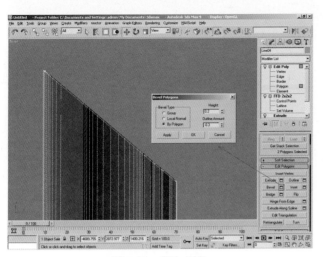

图 4-99 添加倒角

Step 08 在 ✐（修改）命令面板中，为其添加 Edit Poly 修改器。进入 Polygon 子对象层级，选择边框两头的表面，单击 Bevel 旁的 □ 按钮，在弹出的 **Bevel Polygons** 对话框中设置如图 4-99 所示，单击 OK 按钮完成设置。

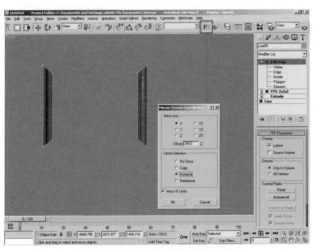

图 4-100 镜像复制画框

Step 09 单击主工具栏中的 ⋈ 按钮进行镜像复制，在弹出的 **Mirror: Screen Coordinates**（镜像：屏幕坐标）对话框中选择 Instance 复制方式，如图 4-100 所示。

图 4-101 画框创建完成的效果

Step 10 单击 OK 按钮完成镜像复制。画框创建完成的效果如图 4-101 所示。

[VRay渲染传奇]

Step 11 创建画布。在 命令面板中，单击 ⊙ 下的 Plane 按钮，在Front（前）视图中创建对象，如图4-102所示。

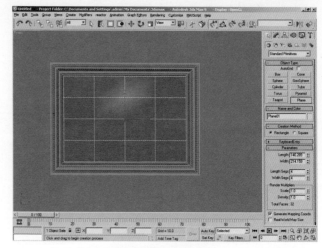

图4-102　创建画布

Step 12 依次创建出其他的装饰画，并分别调整各个装饰画的尺寸，完成后的效果如图4-103所示。

图4-103　不同尺寸的画框

Step 13 按照上述方法，创建出客厅沙发背景墙的装饰画，如图4-104所示。

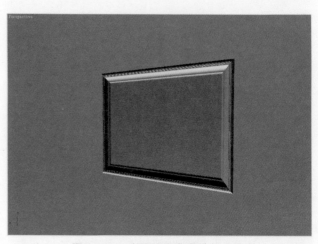

图4-104　客厅沙发背景墙的装饰画

Step 14 将创建完成的装饰画移动到客厅场景中的适当位置，效果如图 4-105 所示。模型效果请参考本书配套光盘\Scenes\04_05.max文件。

图 4-105　客厅装饰画创建完成的效果

6．合并其他家具及饰物

Step 01 下面需要将如图 4-106～图 4-108 所示的柜子、躺椅、植物以及其他的装饰物品（如窗帘等）合并入场景。保持刚才制作的场景不动，或打开本书配套光盘\Scenes\04_05.max文件。

图 4-106　柜子

图 4-107　躺椅

图 4-108　植物

Step 02　单击菜单栏中的 File（文件）>Merge（合并）命令，在弹出的 Merge File 对话框中选择本书配套光盘\Scenes\04_家具.max 文件，如图4-109所示。

图 4-109　导入家具文件

Step 03　单击"打开"按钮，在弹出的 Merge 对话框中单击 All（全部）按钮选择所有的对象，然后单击OK按钮，如图4-110所示。

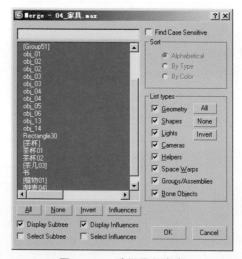

图 4-110　选择导入内容

Step 04　导入家具后，最终合并完成的场景效果如图4-111所示。请参考本书配套光盘\Scenes\04_06.max文件。

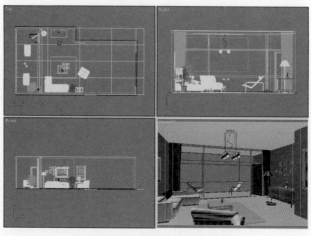

图 4-111　合并完成的场景

第3节　设置场景灯光

重点提示

　　模型建好之后，就可以添加场景灯光并进行测试渲染了。本节介绍如何表现客厅在天空光照射下的效果。本实例将使用 VRay 渲染器自带的 VRay-Light 灯光来模拟自然的天光。

1．设置测试渲染参数

Step 01 按 F10 键打开 Render Scene（渲染场景）对话框，进入 Renderer 选项卡，在 V-Ray:: Global switches（全局设置）卷展栏中，设置全局参数如图 4-112 所示。

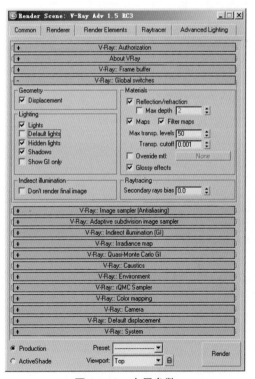

图 4-112　全局参数

[提示] V-Ray:: Global switches 卷展栏用于控制 VRay 的一些全局参数。Displacement（置换）决定是否使用 VRay 的置换贴图。Default lights（默认灯光）决定是否使用全局的灯光。这个复选框是 VRay 场景灯光的总开关（这里的灯光不包含 3ds Max 默认的灯光），如果不勾选的话，系统不会渲染手动设置的任何灯光，即使这些灯光处于启用状态，系统仍将使用默认灯光渲染场景。不希望渲染场景中的全局灯光时只需取消这个复选框的勾选即可。

Step 02 在 V-Ray:: Indirect illumination (GI)（间接照明）卷展栏中，设置间接照明参数如图 4-113 所示。该卷展栏是 VRay 的核心部分，在这里可以启用全局光照效果。全局光照引擎也是在这里选择，不同的场景材质对应相应的运算引擎，正确设置可以使全局光照计算速度更快，使渲染效果更加出色。

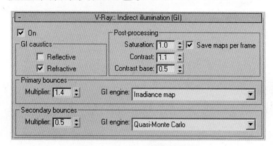

图 4-113　间接照明参数

Step 03 在 V-Ray:: Image sampler (Antialiasing)（图像抗锯齿采样）卷展栏中，设置抗锯齿采样参数如图 4-114 所示。VRay 渲染器提供了几种不同的采样算法，尽管会增加渲染时间，但是所有的采样器都支持 3ds Max 标准的抗锯齿过滤算法。用户可以在 Fixed（固定比率）采样器、Adaptive QMC（自适应 QMC）采样器和 Adaptive subdivision（自适应细分）采样器中根据需要选择一种使用。

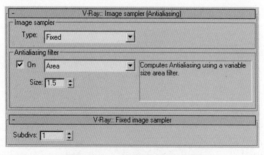

图 4-114　抗锯齿采样参数

Step 04 在 V-Ray:: Irradiance map（发光贴图）卷展栏中，设置发光贴图参数如图 4-115 所示。V-Ray:: Irradiance map 卷展栏可以调节发光贴图的各项参数，该卷展栏只有在发光贴图被指定为当前初级漫射反弹引擎的时候才能被激活。Custom（自定义）模式允许用户根据自己需要设置不同的参数，这也是默认的模式。

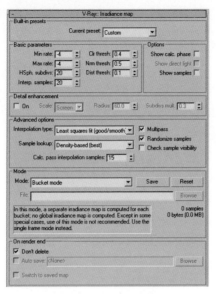

图 4-115　发光贴图参数

在 V-Ray:: Quasi-Monte Carlo GI（准蒙特卡罗 GI）卷展栏中，设置准蒙特卡罗 GI 参数如图
4-116 所示。使用准蒙特卡罗算法来计算 GI 是一种较好的模式，它会单独验算每一
个点的全局光照，因而速度很慢，但是效果也是最精确的，尤其适用于需要表现大
量细节的场景。Subdivs（细分数值）参数可设置计算过程中使用的近似的样本数
量。Secondary bounces（二次反弹）参数只有当次级漫射反弹设为准蒙特卡罗引
擎的时才被激活。它设置计算过程中次级光线反弹的次数。

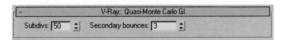

图 4-116　准蒙特卡罗 GI 参数

2．布置场景灯光

创建窗口模拟天光的 VRayLight 面光源。进入 （创建）命令面板，单击 下的 VRay
下的 VRayLight 按钮，在 Left 视图中创建一个面光源，如图 4-117 所示。

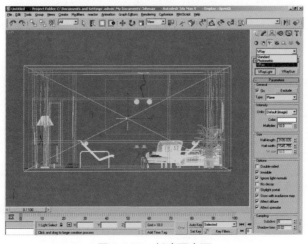

图 4-117　创建面光源

VRayLight 是 VRay 渲染器的专用灯光，它可以设置为纯粹的不被渲染的照明虚拟体，也可以被渲染出来，甚至可以作为环境天光的入口。VRayLight 的最大特点是可以自动产生极其真实的自然光影效果。VRayLight 可以双面发射，可以在渲染图像时不可见，可以更加均匀地向四周发散（ignore light normals）（忽略灯光法线方向，如果不忽略会在法线方向发射更多的光线，Plane 模式才看得出，一般情况下忽略比较接近现实情况），可以没有灯光衰减（no decay）（默认强度为 30，不衰减为 1，这个衰减是以平方数递减的，虽然现实近乎这样，但一般情况下还是不用衰减）。

Step 02 进入 命令面板，对其参数进行设置，如图 4-118 所示。On（打开）可控制 VRayLight 的开关与否。Double-sided（双面）在灯光被设置为 Plane（平面）类型时决定是否在平面的两边都产生灯光效果，该复选框对球形灯光没有作用。Invisible（不可见）可设置在最后的渲染效果中光源形状是否可见。勾选 Ignore light normals（忽略灯光法线方向）复选框时，光源表面在空间的任何方向上发射的光线都是均匀的，否则 VRay 会在光源表面的法线方向上发射更多的光线。

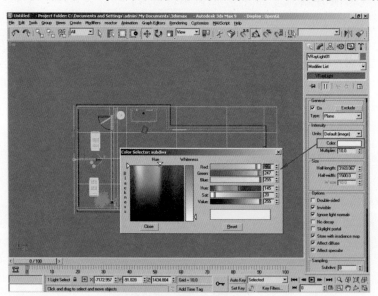

图 4-118　设置面光源参数

Step 03 按住 Shift 键复制出另一个窗口的光源，并设置其参数如图 4-119 所示。

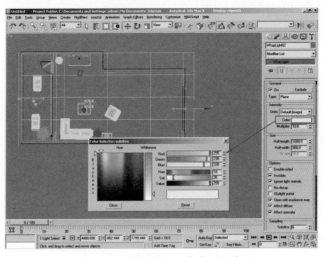

图 4-119　复制出另一个窗口的光源

[提示]　VRay 的全局光照计算速度受光源数目的影响非常大，灯越多速度越慢，渲染夜景肯定比日景慢很多。但是，发光体的数目对速度影响就不大，所以应尽可能使用发光体而不要去使用 Light。比如说灯槽，如果放一个面光 VRaylight，渲染速度是最慢的（面光渲染起来比同样的发光片慢很多，也是灯光里最慢的），如果简单地放个 Omni（泛光灯），渲染速度快了不少，但是效果一般。最好的做法是把灯槽的发光部分材质制作成一定的自发光材质，这样虽然看起来不太好控制强度，但是当光源所在位置是一个异型灯或者房间里有数十个这样的灯时就会方便多了。

Step 04　创建地灯光源。进入 ⚙（创建）命令面板，单击 💡 下的 Photometric（光度学）下的 Target Point（目标点光源）按钮，在 Top 视图中创建出光源，如图 4-120 所示。

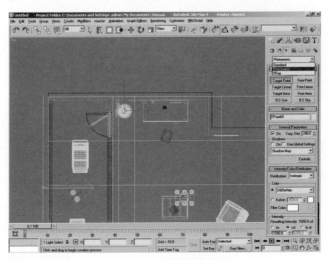

图 4-120　创建地灯光源

Step 05 进入 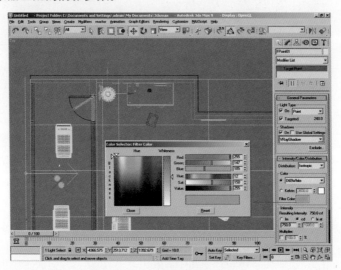（修改）命令面板，对其进行参数设置如图 4-121 所示。如果设置了 3ds Max 内置的灯光，为了产生较好的阴影效果，可以选择 VRayShadow 阴影模式，此时 命令面板中会出现一个 **VRayShadows params**（VRay 阴影参数）卷展栏。在这个卷展栏中可以设置与 VRay 渲染器匹配的阴影参数。

图 4-121　设置地灯光源参数

3．进行测试渲染

Step 01 按 M 键打开材质编辑器，选择一个空白样本球，单击 **Standard** 按钮，在弹出的 **Material/Map Browser** 对话框中选择 **VRayMtl** 材质，如图 4-122 所示。

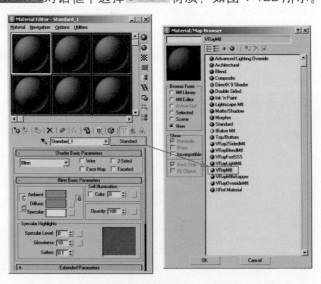

图 4-122　设置默认测试材质

Step 02 设置材质参数如图 4-123 所示。选择场景中的所有对象，单击材质编辑器工具栏中的 按钮，将该材质赋予被选择对象。

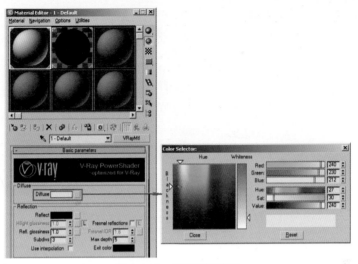

图 4-123　设置材质参数

[提示]

下面介绍一下 VRayMtl 材质的几个重要参数。

Diffuse（漫反射）：设置材质的漫反射颜色。

Reflect（反射）：设置反射的颜色。

Fresnel reflections（菲涅尔反射）：勾选这个复选框后，反射的强度将取决于物体表面的入射角，自然界中有一些材质（如玻璃）的反射就是这种方式。不过要注意的是这个效果还取决于材质的折射率。

Fresnel IOR（菲涅尔反射率）：这个参数在 Fresnel reflections 选项后面的 L 按钮弹起的时候被激活，可以单独设置菲涅尔反射的反射率。

Hilight glossiness（有光泽的高光）：该参数可控制 VRay 材质的高光状态。默认情况下 L 按钮为按下状态，Hilight glossiless 处于非激活状态，此时保持其他参数不变，减小反射光泽的数值，会使反射产生一点模糊效果。在其他参数不变的条件下，反射颜色决定高光的颜色。

L 形按钮 L：即 Lock（锁定）按钮，弹起的时候，Hilight glossiness 参数被激活，此时高光的效果由这个参数决定，不再受模糊反射的控制。

Refl.glossiness（反射光泽）：这个参数用于设置反射的锐利效果。值越大越接近镜面反射效果，随着取值的减小，反射效果会越来越模糊。平滑反射的品质由下面的 Subdivs（细分）参数来控制。

为让光线穿过窗户玻璃，需要为窗户玻璃对象指定玻璃材质。按 M 键打开材质编辑器，选择一个空白样本球，单击 Standard 按钮，在弹出的 Material/Map Browser 对话框中选择 VRayMtl 材质。

Step 04 设置材质的 Diffuse 颜色和反射参数，如图 4-124 所示。

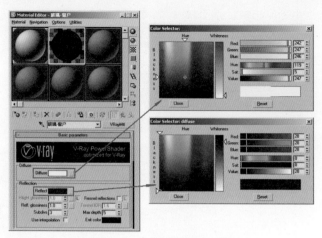

图 4-124　设置玻璃颜色和反射

Step 05 设置折射参数，如图 4-125 所示。单击 ![按钮] 按钮将材质指定给窗户玻璃对象。

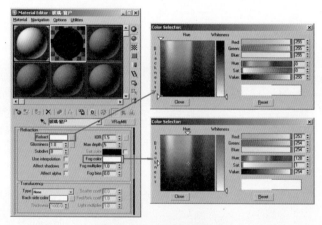

图 4-125　设置折射参数

Step 06 设置测试渲染的图像分辨率。按 F10 键打开 Render Scene 对话框，进入 Common 选项卡，参数设置如图 4-126 所示。

图 4-126　设置测试渲染的图像分辨率

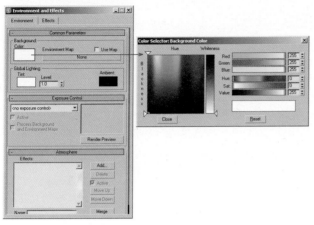

图 4-127　将背景颜色设置为白色

Step 07 设置场景的背景颜色。单击菜单栏中的 Rendering > Environment 命令,在弹出的 **Environment and Effects** 对话框中将背景颜色设置为白色,如图 4-127 所示。

图 4-128　测试渲染效果

Step 08 按 F9 键对摄影机视图进行渲染。此时的渲染效果如图 4-128 所示,可以看到场景中窗口部位的照明有些曝光过度。

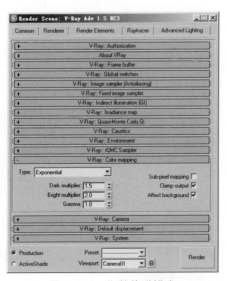

图 4-129　指数倍增模式

Step 09 按 F10 键打开 Render Scene 对话框,进入 Renderer 选项卡,在 V-Ray:: Color mapping(颜色贴图)卷展栏中,设置 Type 为 Exponential(指数倍增)模式,并设置其参数,如图 4-129 所示。

[VRay渲染传奇]

[提示] Exponential 模式基于亮度来使颜色更饱和。这对防止出现非常明亮的区域（例如光源周围的区域等）曝光是很有用的。该模式不限制颜色范围，而是让它们更饱和。

Step 10 按 F9 键对摄影机视图进行渲染，渲染效果如图 4-130 所示，此时场景中光照的曝光过度问题已经解决了。请参考本书配套光盘\Scenes\04_07.max 文件。

图 4-130 指数倍增模式的渲染效果

[提示] 由于为场景中的所有对象指定了同一个材质，所以得到的渲染图像偏亮、缺少对比。在为它们分别指定材质后，这个问题自然就会得到解决。

第4节　设置场景材质

重点提示

本节介绍客厅材质（地面木地板、墙面、灯具、玻璃、植物等）的表现方法。场景中一部分材质为3ds Max的标准材质，同时使用了VRay提供的VRayMtlWrapper（VRay包裹）材质和VRayMtl材质，以更好地发挥VRay的特性。

1．设置窗外背景及其材质

Step 01　创建一个单面对象放置于窗外，并为其指定材质来模拟窗外的景象，可以使客厅窗外的背景变得丰富。在 （创建）命令面板中，单击 下的 Plane 按钮，在 Right 视图中创建对象，如图 4-131 所示。

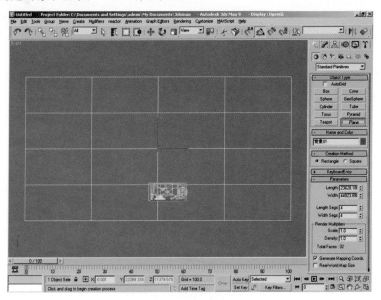

图 4-131　创建一个单面对象

Step 02　按 M 键打开材质编辑器，选择一个空白样本球，单击 Diffuse 旁边的 按钮，双击 Bitmap（位图）贴图，选择本书配套光盘 \Maps\aa44.jpg 文件，设置天空贴图，如图 4-132 所示。

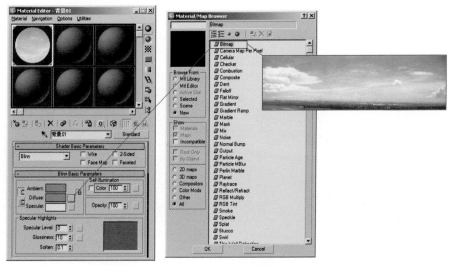

图 4-132　设置天空贴图

Step 03　按F9键对摄影机视图进行渲染，渲染效果如图4-133所示。可以看到客厅窗外的背景效果已经出来了。

图4-133　窗外的背景效果

2．设置墙体材质

Step 01　创建乳胶漆墙体材质。按M键打开材质编辑器，选择一个空白样本球，单击 Standard 按钮，在弹出的 Material/Map Browser 对话框中选择 ●VRayMtl 材质。

Step 02　设置Diffuse的颜色为浅黄色，如图4-134所示。单击 按钮将其指定给客厅墙体。

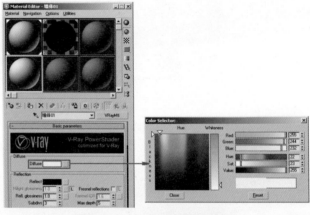

图4-134　创建乳胶漆墙体材质

Step 03　创建阳台墙体材质。将墙面材质"墙体01"拖动到一个新的材质样本球上（复制该材质），然后将其命名为"墙体02"。单击Diffuse旁边的 按钮，选择本书配套光盘\Maps\cut71L.jpg文件，如图4-135所示。

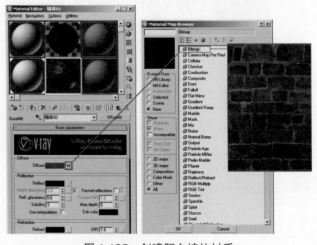

图4-135　创建阳台墙体材质

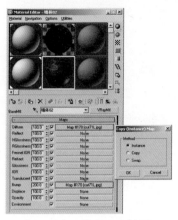

图 4-136　设置凹凸贴图

Step 04 打开 **Maps** 卷展栏，将 **Diffuse** 贴图通道上的贴图拖向 **Bump**（凹凸）贴图通道，在弹出的 **Copy (Instance) Map** 对话框中使用 **Instance** 方式进行复制，如图 4-136 所示。单击 🔃 按钮将材质指定给客厅阳台墙体。

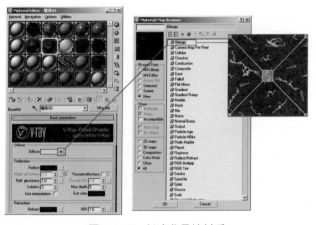

图 4-137　创建背景墙材质

Step 05 新建一个 ● VRayMtl 材质（方法同上），单击 Diffuse 旁边的 ▨ 按钮，选择本书配套光盘 \Maps\DTCL0009.JPG 文件，如图 4-137 所示。

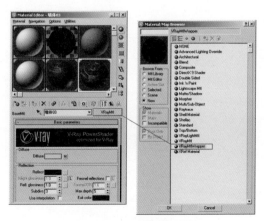

图 4-138　设置材质包裹

Step 06 单击 🔃 按钮，回到材质编辑器的最上层。单击 **VRayMtl** 按钮，在弹出的 **Material/Map Browser** 对话框中选择 ● VRayMtlWrapper 材质（给该材质设置 VRay 材质包裹），如图 4-138 所示。VRayMtlWrapper 材质可以嵌套 VRay 支持的任何一种材质，并且可以有效控制 VRay 的光能传递和接收。

设置材质为 VRayMtlWrapper 包裹材质后，降低它的 (Receive) GI（接收全局光照）值，如图 4-139 所示。单击按钮，将材质指定给客厅背景墙墙体。

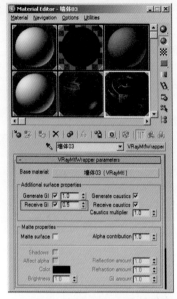

图 4-139　降低 Receive GI 值

下面介绍一下包裹材质的主要参数。

Base material（基本材质）：设置用于嵌套的材质。

Generate GI（产生全局光照）：设置产生全局光照及其强度（不勾选时不产生全局光照效果）。

Receive GI（接收全局光照）：设置接收全局光照及其强度（不勾选时不接收全局光照）。

Generate caustics（产生焦散）：设置材质是否产生焦散效果。

Receive caustics（接收焦散）：设置材质是否接收焦散。

Caustics multiplier（焦散倍增）：设置焦散效果的产生和接收强度。

Matte properties（遮罩属性）选项组：该选项组的参数可控制对象是否只留下阴影或通道，用于后期合成。

Matte surface（遮罩表面）：设置对象表面为具有阴影遮罩属性的材质。勾选此复选框后 Matte properties 选项组内的参数才有效。其中 Shadow（阴影）和 Affect alpha（影响通道）两项参数比较重要。

Shadow（阴影）：使对象仅留下阴影信息。

Affect alpha（影响通道）：遮罩信息影响通道效果。

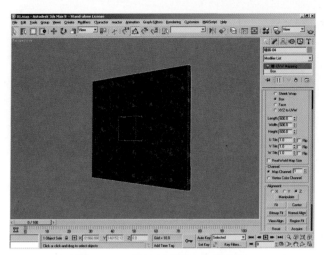

图 4-140　添加 UVW Map 修改器

图 4-141　墙体材质渲染效果

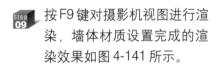
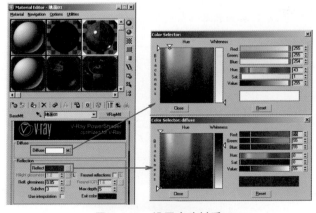

图 4-142　设置木头材质

Step 08 选择客厅阳台地面物体，在 ![]（修改）命令面板中，为其添加 **UVW Map**（贴图坐标）修改器，参数设置如图 4-140 所示。

Step 09 按 F9 键对摄影机视图进行渲染，墙体材质设置完成的渲染效果如图 4-141 所示。

3．设置地面等木头材质

Step 01 创建木地板材质。按 M 键打开材质编辑器，选择一个空白样本球，单击 **Standard** 按钮，在弹出的 **Material/Map Browser** 对话框中选择 ●**VRayMtl** 材质。

Step 02 设置地板材质的 Diffuse 颜色和反射参数，如图 4-142 所示。

Step 03 打开 Maps 卷展栏，单击 Diffuse 贴图按钮，选择本书配套光盘 \Maps\CEDFENCE -a.jpg 文件；单击 Bump 贴图按钮，选择同目录下的 CEDFENCE-b.jpg 文件，如图 4-143 所示。

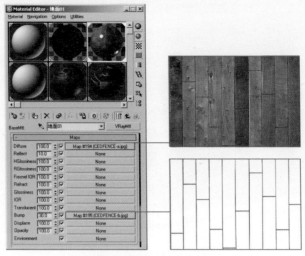

图 4-143 设置木头贴图

Step 04 单击 按钮，回到材质编辑器的最上层。单击 VRayMtl 按钮，在弹出的 Material/Map Browser 对话框中选择 VRayMtlWrapper 材质，将其设置为 VRayMtl-Wrapper 包裹材质，降低它的 Receive GI 值，如图 4-144 所示。单击 按钮，将材质指定给地面对象。

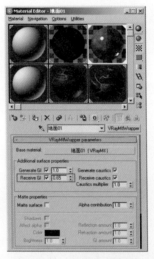

图 4-144 设置包裹材质

Step 05 选择地面对象，在 （修改）命令面板中，为其添加 UVW Map 修改器，参数设置如图 4-145 所示。

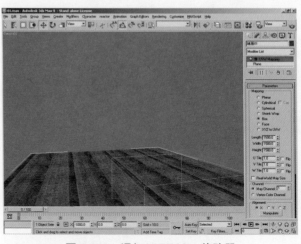

图 4-145 添加 UVW Map 修改器

图 4-146 木纹渲染效果

Step 06 依次为客厅装饰柜、木茶几等对象设置类似的木头材质，方法同上。按 F9 键对摄影机视图进行渲染，渲染效果如图 4-146 所示。

4. 设置沙发、躺椅布纹材质

Step 01 创建布纹材质。按 M 键打开材质编辑器，选择一个空白样本球，单击 Standard 按钮，在弹出的 Material/Map Browser 对话框中选择 VRayMtl 材质。

Step 02 设置布纹材质的 Diffuse 颜色，如图 4-147 所示。

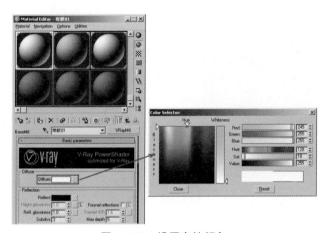

图 4-147 设置布纹颜色

Step 03 打开 Maps 卷展栏，单击 Bump 贴图按钮，在弹出的 Material/Map Browser 对话框中选择 Noise（噪波）贴图，如图 4-148 所示。

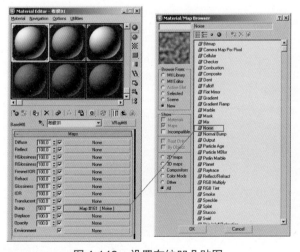

图 4-148 设置布纹凹凸贴图

Step 04 设置 Noise 贴图的参数，如图 4-149 所示。单击 按钮，将材质指定给客厅沙发坐垫等对象。

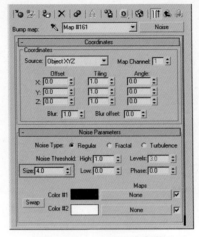

图 4-149　设置噪波参数

Step 05 将沙发材质"布纹01"拖动到一个新的材质样本球上（复制该材质），然后将其命名为"布纹02"。设置材质的 Diffuse 颜色，如图 4-150 所示。单击 按钮，将材质指定给客厅沙发靠垫对象。

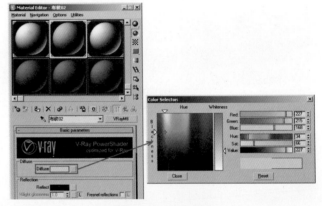

图 4-150　沙发材质

Step 06 依照上述方法设置阳台躺椅的布纹材质。沙发材质的渲染效果如图 4-151 所示。

图 4-151　沙发渲染效果

5．设置植物材质

Step 01 创建竹叶材质。在材质编辑器中，选择一个空白样本球，单击 Standard 按钮，在弹出的 **Material/Map Browser** 对话框中选择 ● VRayMtl 材质。

Step 02 设置材质的 Diffuse 颜色、反射、折射参数，如图 4-152 所示。

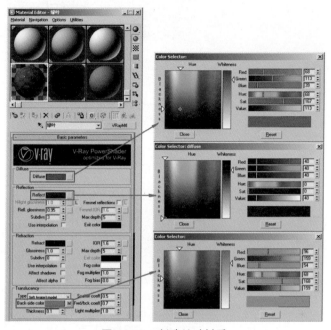

图 4-152　创建竹叶材质

Step 03 打开 Maps 卷展栏，单击 Translucent（半透明）贴图按钮，在弹出的 **Material/Map Browser** 对话框中选择 ⬛ Falloff（衰减）贴图，如图 4-153 所示。

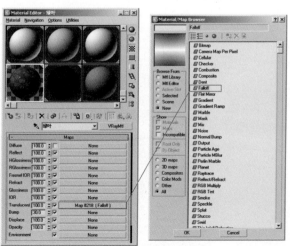

图 4-153　Falloff 贴图

Step 04 设置 Falloff 贴图的参数，如图 4-154 所示。单击 🔳 按钮，将材质指定给客厅观赏竹子的竹叶。

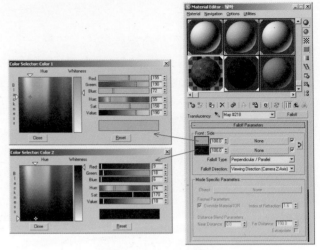

图 4-154 竹叶的颜色

Step 05 创建橡皮树树叶材质。新建一个 ●VRayMtl 材质（方法同上），设置材质的 Diffuse 颜色和反射参数，如图 4-155 所示。

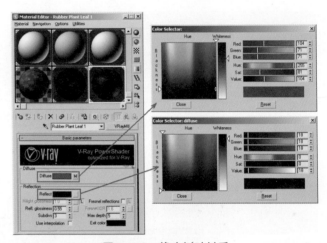

图 4-155 橡皮树叶材质

Step 06 在 Maps 卷展栏中，分别为 Diffuse 贴图通道和 Opacity（不透明度）贴图通道指定位图贴图（图片在本书配套光盘\Maps 目录下），如图 4-156 所示。单击 按钮，将材质指定给橡皮树树叶。

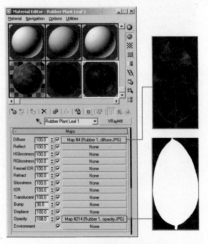

图 4-156 橡皮树叶贴图

07 依次创建出橡皮树其他叶子的材质，贴图均在本书配套光盘 \Maps 目录下。单击 🔳 按钮，将材质指定给橡皮树树叶。

08 依次设置树干、花盆等对象的材质。植物的材质效果如图 4-157 和图 4-158 所示。

图 4-157　观赏竹渲染效果　　　　图 4-158　橡皮树渲染效果

6．设置灯具材质

01 创建灯具金属材质。在材质编辑器中，选择一个空白样本球，单击 Standard 按钮，在弹出的 Material/Map Browser 对话框中选择 ⊙ VRayMtl 材质。

02 设置材质的 Diffuse 颜色和反射参数，如图 4-159 所示。单击 🔳 按钮，将材质指定给灯架对象。

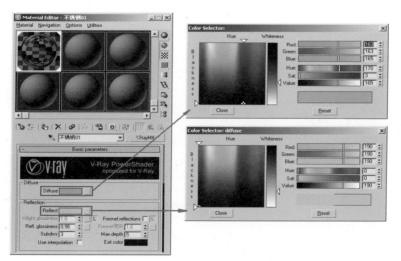

图 4-159　灯具反射材质

Step 03 创建灯罩材质。新建一个
● VRayMtl 材质，设置材质的
Diffuse 颜色和反射参数，如
图 4-160 所示。

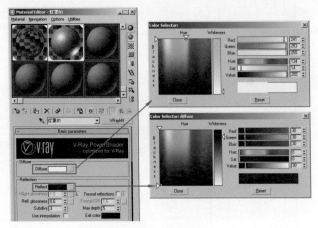

图 4-160　灯罩材质

Step 04 设置材质的折射参数，如图
4-161 所示。单击 🔘 按钮，
将材质指定给灯罩对象。

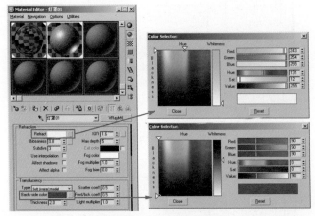

图 4-161　灯罩折射参数

Step 05 依次设置灯具其他部件的材
质。灯具的材质效果如图
4-162 和图 4-163 所示。

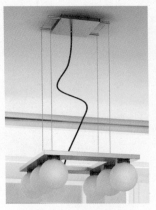

图 4-162　客厅主灯　　　　图 4-163　地灯

[VRay渲染传奇]

7．设置装饰画等饰物的材质

Step 01 创建木质画框材质。在材质编辑器中，选择一个空白样本球，单击 Standard 按钮，在弹出的 **Material/Map Browser** 对话框中选择 ● VRayMtl 材质。

Step 02 设置材质的 Diffuse 颜色和反射参数，如图 4-164 所示。单击 按钮，将材质指定给木框画的边框。

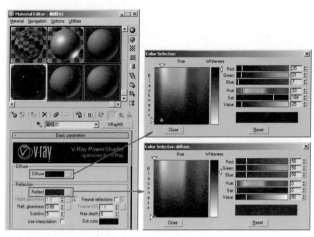

图 4-164　木质画框材质

Step 03 创建金属画框材质。将木画框材质"画框01"拖动到一个新的材质样本球上（复制该材质），然后将其命名为"画框02"。设置材质的 Diffuse 颜色和反射参数，如图 4-165 所示。

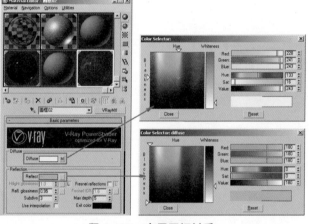

图 4-165　金属画框材质

Step 04 单击 Diffuse 旁的 按钮，选择本书配套光盘\Maps\edhu25M.tga 文件，如图 4-166 所示。单击 按钮，将材质指定给金属画框的边框。

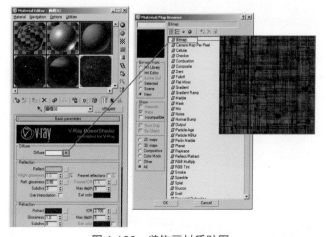

图 4-166　装饰画材质贴图

Step 05 创建画布材质。新建一个 ⬤VRayMtl 材质，单击 Diffuse 旁的▨按钮，按照个人喜好选择一幅贴图，这里选择本书配套光盘 \Maps\1003.jpg 文件如图 4-167 所示。单击▨按钮，将材质指定给装饰画的画布。

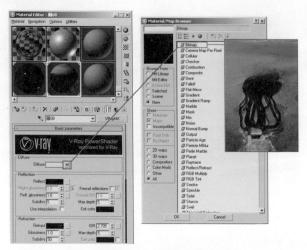

图 4-167　画布贴图

Step 06 依次设置其他装饰画以及饰物的材质。装饰画的效果如图 4-168～ 图 4-170 所示。此时场景效果请参考本书配套光盘 \Scenes\04_08.max 文件。

图 4-168　装饰画的效果 1

图 4-169　装饰画的效果 2

图 4-170　装饰画的效果 3

第5节 最终成品渲染

重点提示

VRay渲染器提供了种类丰富的渲染引擎，能够满足各种场景的渲染需要。本节介绍使用发光贴图（Irradiance Map）和准蒙特卡罗（Quasi-Monte Carlo）渲染引擎对客厅进行渲染的方法。

1. 设置抗锯齿和过滤器

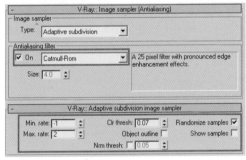

图4-171 设置过滤器为Catmull-Rom

Step 01 按F10键打开Render Scene对话框，进入 Renderer 选项卡。

Step 02 在 V-Ray:: Image sampler (Antialiasing)（图像抗锯齿采样）卷展栏中，设置参数如图4-171所示。设置过滤器（filter）为Catmull-Rom，让画面产生锐化效果。

[提示]

Adaptive subdivision（自适应细分）采样器是一个具有强大功能的高级采样器。在没有VRay模糊特效（直接GI、景深、运动模糊等）的场景中，它是首选采样器。平均下来，它使用较少的样本（这样就减少了渲染时间）就可以达到其他采样器使用较多样本所能够达到的质量。但是，它在场景具有大量细节或者模糊特效的情形下会比其他两个采样器慢，图像效果也更差。比起其他采样器，它也会占用更多的内存。**Min.rate**（最小比率）参数定义每个像素使用的样本的最小数量。值为0意味着一个像素使用一个样本，−1意味着每两个像素使用一个样本，−2则意味着每四个像素使用一个样本，依此类推。**Max.rate**（最大比率）可定义每个像素使用的样本的最大数量。**Clr thresh**（颜色阈值）用于确定采样器在像素亮度改变方面的灵敏性，较低的值会产生较好的效果，但会花费较多的渲染时间。

2．渲染级别设置

在 Render Scene 对话框的 `Renderer` 选项卡中，打开 `V-Ray:: Irradiance map`（发光贴图）卷展栏，在 Built-in presets（内置预设）选项卡中设置发光贴图采样级别为 High，如图 4-172 所示。

图 4-172　设置发光贴图采样级别

[提示]

High（高）是一种高质量的预设模式，大多数情况下使用这种模式，即使是具有大量细节的动画。HSph. subdivs（半球细分）参数决定单独的 GI 样本质量。较小的取值可以获得较快的速度，但可能会产生黑斑，较高的取值可以得到平滑的图像。半球细分并不代表被跟踪光线的实际数量，光线的实际数量接近于该参数的平方值，并受 QMC 采样器相关参数的控制。Interp. samples（插值样本）可定义被用于插值计算的 GI 样本数量。较大的值会趋向于模糊 GI 的细节，虽然最终的效果很光滑，较小的值会产生更光滑的细节，但是也可能会产生黑斑。

3．设置保存发光贴图

Step 01 在 `V-Ray:: Irradiance map`（发光贴图）卷展栏中，勾选 On render end（渲染结束时）选项组中的 Don't delete（不删除）复选框和 Auto save（自动保存）复选框，单击 Auto save 复选框后面的 `Browse` 按钮，在弹出的 Auto save irradiance map（自动保存光照贴图）对话框中输入文件名并选择保存路径，如图 4-173 所示。

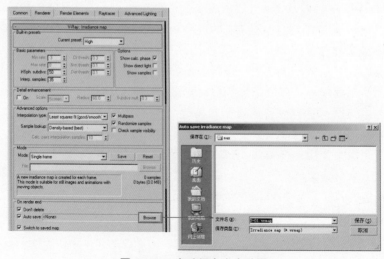

图 4-173　自动保存发光贴图

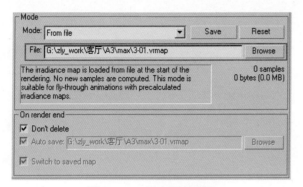

图 4-174 指定发光贴图

当勾选 Switch to saved map（切换至保存贴图）复选框时，在渲染结束后，Mode选项组中的 Mode 值将自动切换至 From file（从文件）模式，如图 4-174 所示。在再次进行渲染时，VRay 渲染器将直接调用 File 文本框中指定的发光贴图文件，从而节省了很多时间。

进入 Render Scene 对话框的 Common 选项卡，设置较小的渲染图像尺寸，可以有效地缩短计算时间，如图 4-175所示。

图 4-175 设置较小的渲染图像尺寸

图 4-176 发光贴图计算

按 F9 键对摄影机视图进行渲染。VRay 渲染器正在进行发光贴图的计算，如图 4-176所示。

[VRay渲染传奇]

4．最终渲染

Step 01 当发光贴图计算及其渲染完成后，在 Render Scene 对话框的 Common 选项卡中设置最终渲染的图像尺寸。设置自动保存渲染文件，勾选 Render Output（渲染输出）选项组中的 Save File 复选框，单击 Files... 按钮，在弹出的 Render Output File 对话框中进行文件保存的设置，如图 4-177 所示。当渲染结束时渲染的文件将被自动保存。

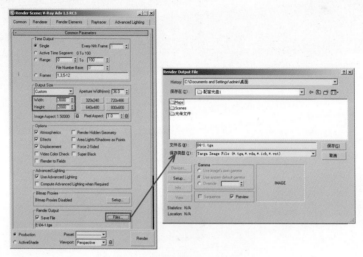

图 4-177　设置自动保存渲染文件

Step 02 按 F9 键对摄影机视图进行渲染，最终渲染效果如图 4-178 所示。最终场景模型可参考本书配套光盘\Scenes\04_天空光客厅A.max和04_天空光客厅B.max文件。

图 4-178　最终渲染效果

　　本实例从场景建模到布置灯光、设置材质，最后进行渲染，详细地介绍了一个成功的商业效果图制作的全部过程，目的是让读者对制作流程有一个完整的了解。在后面的章节中将略过场景建模环节，着重介绍灯光、材质和渲染方面的技巧。

第5章　阳光客厅

Lightscape VRay finalRender

本章实例表现的是一个阳光照射下的客厅。客厅的气氛、品味和格调与沙发的选择关系极为密切。本实例的客厅里摆放了一组面料和造型适宜的布艺沙发，静谧、和暖、温馨的气氛具有十足的家的味道。布置房间，一定要注重整体风格、色彩等的协调性。沙发作为客厅内陈设中最为抢眼的元素，应该追随和配合居室的天花板、墙壁、地面、门窗等的颜色风格，做到相互衬托、协调统一，才能达到最美好的效果。

第1节　设置场景材质

重点提示

从这个实例开始，将会把重点放在场景的灯光、材质表现技巧及渲染设置方法上。本节介绍场景中各个对象（墙体、地板、镂空窗帘、地毯、柜子、沙发、电器等）材质的设置方法。大部分采用VRayMtl材质，Multi/Sub-Object（多维/子对象）材质的使用值得注意。

1．墙体及窗子的材质设置

打开如图5-1所示的场景。这是一个客厅的场景（本书配套光盘 \Scenes\ 阳光客厅.max 文件）。 墙体的材质为白色，窗子的材质包括窗框、玻璃、手柄及窗帘 4 部分。窗子和墙体的最终渲染效果如图5-2所示。

图 5-1　客厅场景

图 5-2　墙体及窗子的材质效果

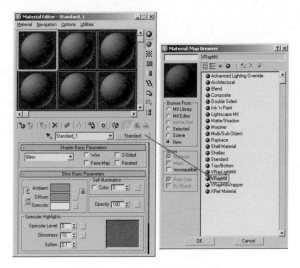

图 5-3　选择 VRay 专用材质

[VRay渲染传奇]

Step 01 在材质编辑器中选择一个空白样本球，单击 Standard 按钮，在弹出的 Material/Map Browser 对话框中选择 ● VRayMtl 材质，如图 5-3 所示。

Step 02 设置墙体材质的参数如图5-4所示。

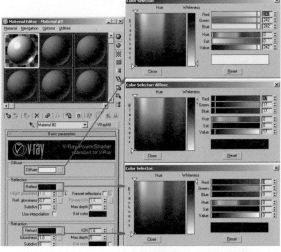

图 5-4　墙体材质的参数设置

Step 03 设置窗框的材质参数如图5-5所示。

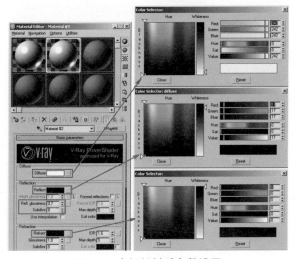

图 5-5　窗框的材质参数设置

Step 04 设置玻璃材质参数如图 5-6 所示。

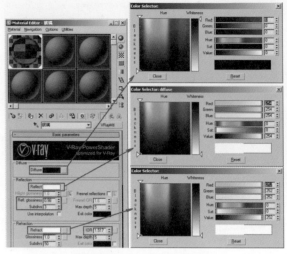

图 5-6　玻璃材质参数设置

Step 05 打开 **Maps** 卷展栏，单击 Reflect 后面的 None 按钮，在弹出的 **Material/Map Browser** 对话框中选择 **Falloff** 贴图，如图 5-7 所示。

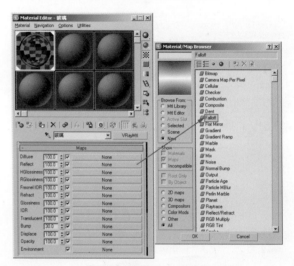

图 5-7　选择 Falloff 贴图

Step 06 设置 Falloff 贴图的参数如图 5-8 所示。

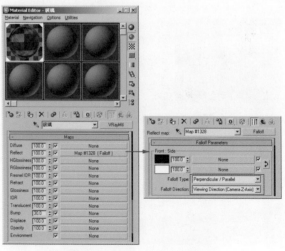

图 5-8　设置 Falloff 贴图参数

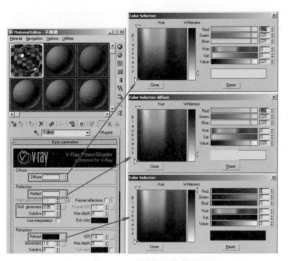

图 5-9　不锈钢材质参数设置

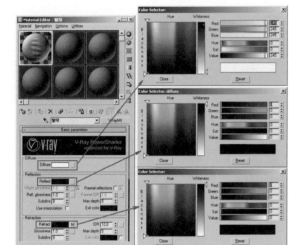

图 5-10　窗帘材质参数设置

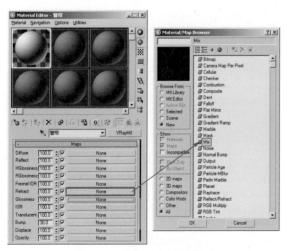

图 5-11　选择 Mix 贴图类型

Step 07 手柄材质为不锈钢材质，设置具体参数如图 5-9 所示。

Step 08 设置窗帘材质参数如图 5-10 所示，首先设置窗帘的颜色为白色。

Step 09 打开 Maps 卷展栏，单击 Refract 后面的 None 按钮，在弹出的 Material/Map Browser 对话框中选择 Mix（混合）贴图，如图 5-11 所示。

Step 10 设置Mix贴图的参数如图5-12所示（贴图为本书配套光盘\Maps\窗帘花.jpg 文件）。

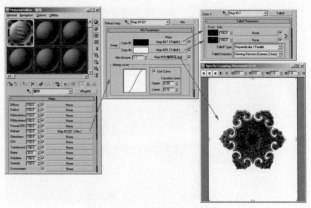

图 5-12　Mix 贴图参数设置

Step 11 窗帘支架材质为不锈钢材质，设置参数如图 5-13 所示。

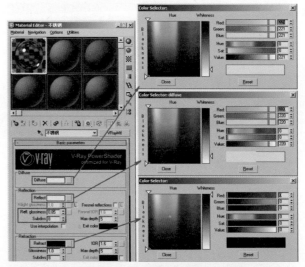

图 5-13　不锈钢材质参数设置

Step 12 连接窗帘支架与窗帘部分的材质为透明塑料材质，设置参数如图 5-14 所示。

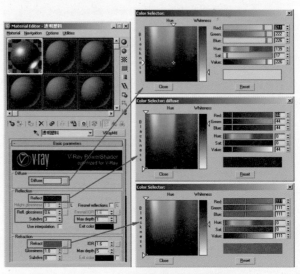

图 5-14　透明塑料材质参数设置

2．灯的材质

　　灯的材质包括灯罩、支架和调节支架高低的按钮 3 部分材质，最终渲染效果如图 5-15 所示。

Step 01 设置灯罩的材质参数如图 5-16 所示。

图 5-15　灯材质最终效果

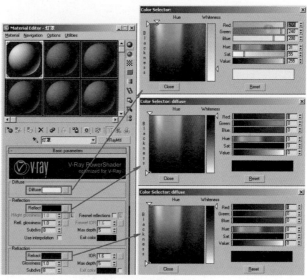

图 5-16　灯罩的材质参数设置

Step 02 设置支架的材质参数如图 5-17 所示（贴图为本书配套光盘 \Maps\WW-024.jpg 文件）。

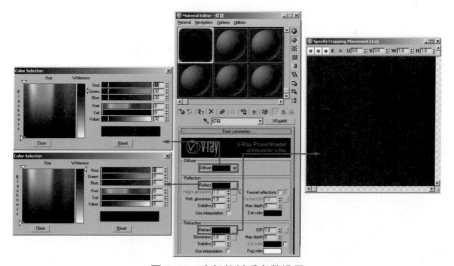

图 5-17　支架的材质参数设置

Step 03 设置调节按钮材质参数如图 5-18 所示。

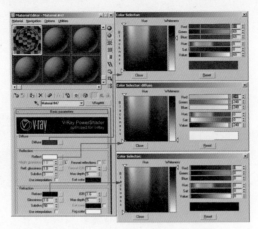

图 5-18　调节按钮材质参数设置

3．沙发的材质

沙发材质包括白色的布料、花布靠垫和藤 3 部分，最终渲染效果如图 5-19 所示。

图 5-19　沙发材质最终效果

Step 01　设置白色布料材质参数如图 5-20 和图 5-21 所示（贴图为本书配套光盘 \Maps\ 015s.jpg 文件）。

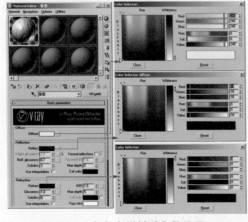

图 5-20　白色布料材质参数设置 1

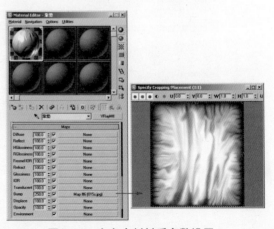

图 5-21　白色布料材质参数设置 2

[VRay渲染传奇]

Step 02 设置花布靠垫材质参数如图 5-22 和图 5-23 所示（贴图为本书配套光盘 \Maps\015s.jpg 文件）。

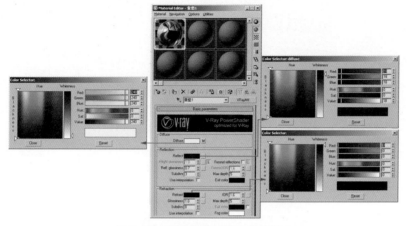

图 5-22　花布靠垫材质参数设置 1

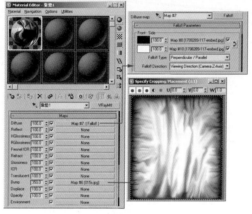

图 5-23　花布靠垫材质参数设置 2

Step 03 设置藤材质参数如图 5-24 和图 5-25 所示（贴图为本书配套光盘 \Maps\ 未标题 -31.jpg 和未标题 -4.jpg 文件）。

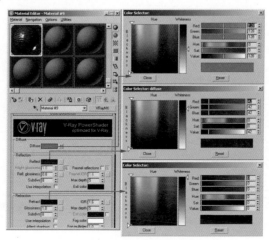

图 5-24　藤材质参数设置 1

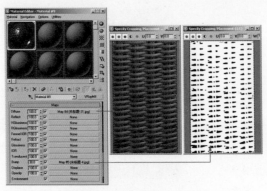

图 5-25　藤材质参数设置 2

Step 04 沙发支撑部分为不锈钢材质，设置参数如图 5-26 所示。

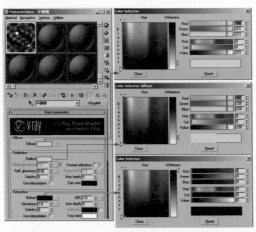

图 5-26　沙发支撑部分材质参数设置

4．柜子的材质设置

柜子的材质设置包括音箱和书两部分，最终渲染效果如图 5-27 所示。

Step 01 设置柜子材质如图 5-28 所示。

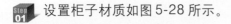

图 5-27　柜子材质的最终效果

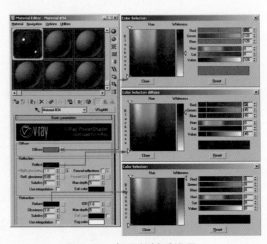

图 5-28　柜子的材质设置 1

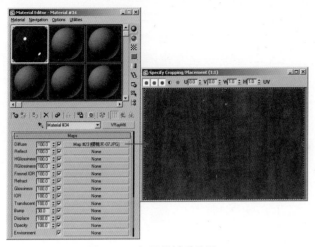

图 5-29　柜子的材质设置 2

图 5-30　书材质最终效果

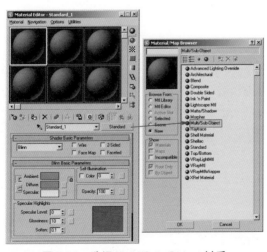

图 5-31　选择 Multi/Sub-Object 材质

Step 02 单击 Diffuse 旁的 None 按钮，在弹出的 **Material/Map Browser** 对话框中选择 *Bitmap* 贴图，在弹出的 **Select Bitmap Image File** 对话框中选择本书配套光盘\ Maps\ 樱桃木 -07.jpg 文件，如图 5-29 所示。

Step 03 书的材质是一个 ● Multi/Sub-Object （多维／子对象）材质，由书的封面和书的内页两部分组成。最终渲染效果如图 5-30 所示。

Step 04 下面介绍具体的设置方法。按 M 键打开材质编辑器，单击 按钮，在 **Material/Map Browser** 对话框中选择 ● Multi/Sub-Object 材质，如图 5-31 所示。

Step 05 单击 Set Number（设置数目）按钮，在弹出的 **Set Number of Materials** 对话框中设置 Number of Materials 为 2，如图 5-32 所示。

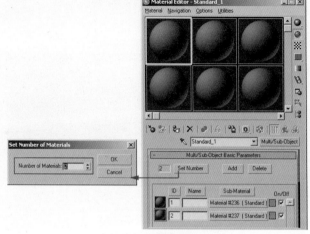

图 5-32　设置 ID 数目

Step 06 如图 5-33 所示，分别为 ID1 和 ID2 指定 VRay 专用材质。

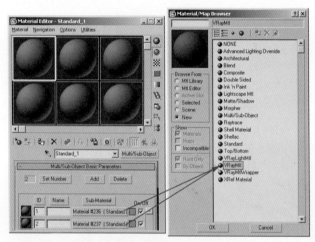

图 5-33　指定 VRay 专用材质

Step 07 分别设置 ID1 和 ID2 的材质，如图 5-34 所示。

图 5-34　设置 ID1 和 ID2 的材质

设置 ID1 材质参数如图 5-35 所示（贴图为本书配套光盘 \Maps\American_History_X-front.jpg 文件）。

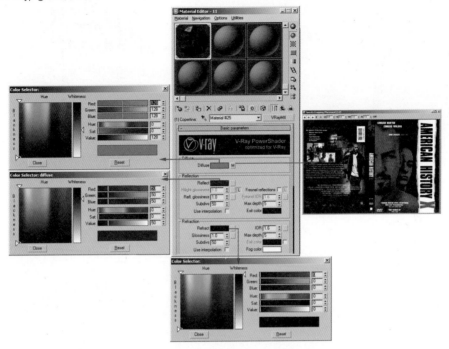

图 5-35　ID1 材质参数设置

设置 ID2 材质参数如图 5-36 所示。

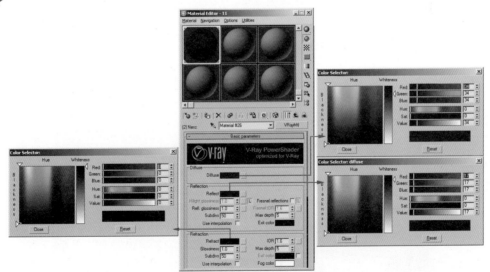

图 5-36　ID2 材质参数设置

设置音箱的材质。音箱材质也是一个 Multi/Sub-Object 材质，共由 4 部分组成。最终渲染效果如图 5-37 所示。

下面分别设置 ID1、ID2、ID3 和 ID4 的材质，如图 5-38 所示。

图 5-37 音响材质最终效果

图 5-38 设置 ID1-ID4 的材质

Step 12 ID1 为木纹材质，设置参数如图 5-39 所示（贴图为本书配套光盘 \Maps\P2020138.jpg 文件）。

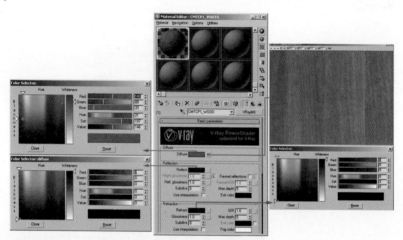

图 5-39 ID1 材质参数设置

Step 13 设置 ID2 材质参数如图 5-40 所示。

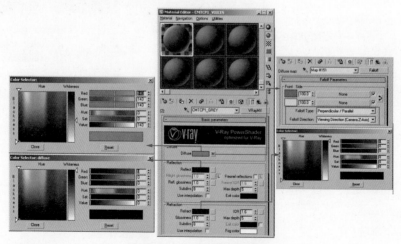

图 5-40 ID2 材质参数设置

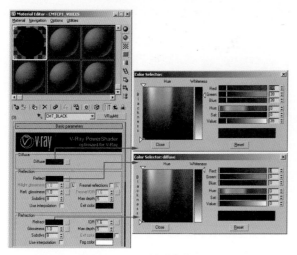

图 5-41 ID3 材质参数设置

Step 14 设置 ID3 材质参数如图 5-41 所示。

Step 15 设置 ID4 材质参数如图 5-42 所示。

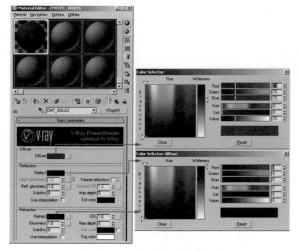

图 5-42 ID4 材质参数设置

Step 16 音响中间控制区域的材质比较复杂，也使用了一个 🌑 Multi/Sub-Object 材质，共由 10 部分组成，如图 5-43 所示。

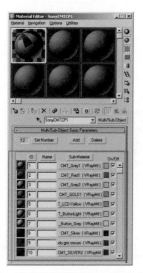

图 5-43 音响控制区域 ID1-ID10 的材质

Step 17 设置 ID1 材质参数如图 5-44 所示（贴图为本书配套光盘 \Maps\CMT_Texture.jpg 文件）。

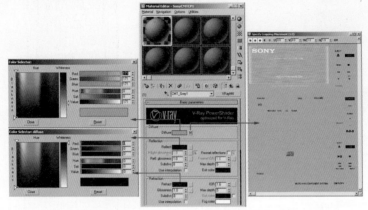

图 5-44　ID1 材质设置

Step 18 设置 ID2 材质参数如图 5-45 所示。

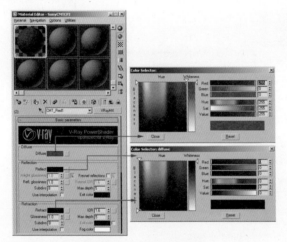

图 5-45　ID2 材质设置

Step 19 设置 ID3 材质参数如图 5-46 所示。

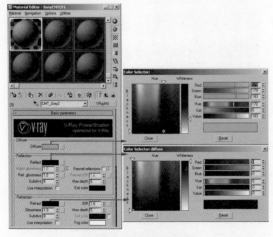

图 5-46　ID3 材质设置

设置 ID4 材质参数如图 5-47 所示。

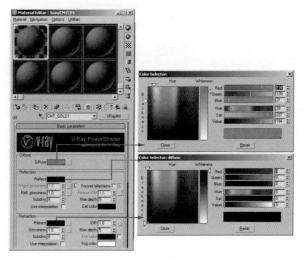

图 5-47　ID4 材质设置

设置 ID5 材质参数如图 5-48 和图 5-49 所示（贴图为本书配套光盘 \Maps\CMT_LCD.jpg
文件）。

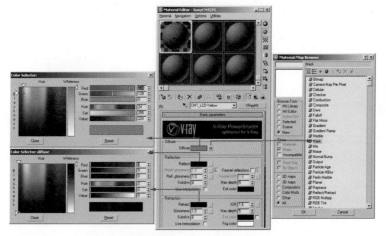

图 5-48　ID5 材质设置 1

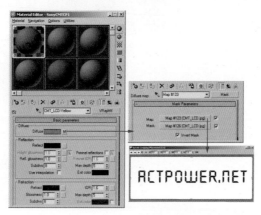

图 5-49　ID5 材质设置 2

Step 22 设置 ID6 材质参数如图 5-50 所示。

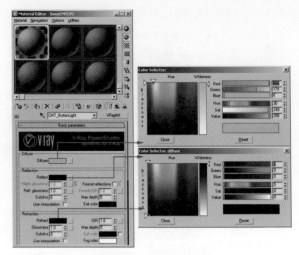

图 5-50 ID6 材质设置

Step 23 设置 ID7 材质参数如图 5-51 所示。

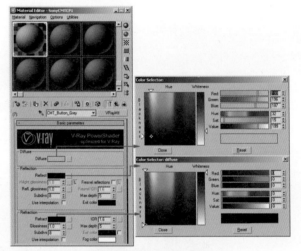

图 5-51 ID7 材质设置

Step 24 设置 ID8 材质参数如图 5-52 所示。

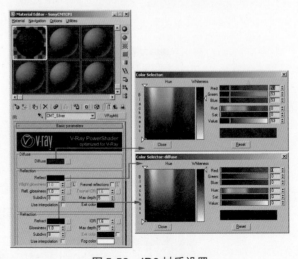

图 5-52 ID8 材质设置

[VRay渲染传奇]

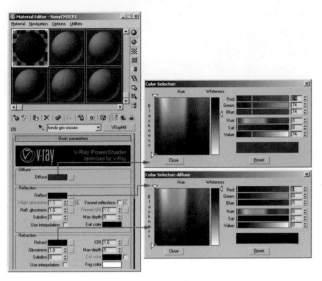

图 5-53　ID9 材质设置

 设置 ID9 材质参数如图 5-53 所示。

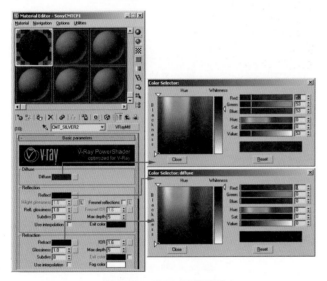

图 5-54　ID10 材质设置

 设置 ID10 材质参数如图 5-54 所示。

5．吊灯的材质设置

灯的材质设置包括灯绳、不锈钢拉杆、灯本身的蓝色和白色部分共 4 部分，最终渲染效果如图 5-55 所示。

图 5-55　吊灯材质的最终效果

Step 01 设置灯绳的材质如图 5-56
所示。

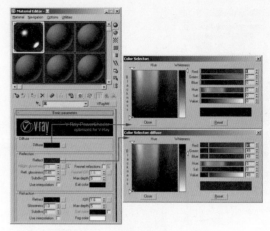

图 5-56 灯绳的材质参数设置

Step 02 设置不锈钢拉杆的材质参数
如图 5-57 所示。

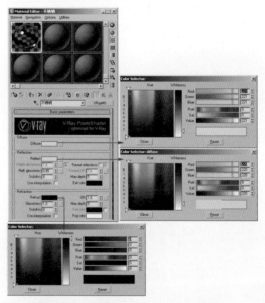

图 5-57 不锈钢拉杆的材质参数设置

Step 03 设置灯本身蓝色部分材质参
数如图 5-58 所示。

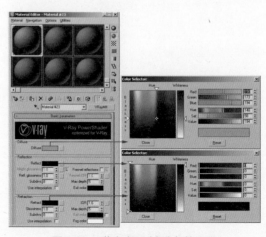

图 5-58 蓝色部分材质参数设置

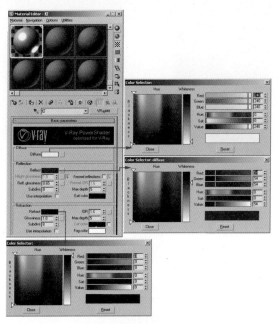

图 5-59　白色部分材质参数设置

[VRay渲染传奇]

Step
04 设置灯本身白色部分的材质，如图 5-59 所示。

6．挂画的材质

挂画的材质设置相对比较简单，最终渲染效果如图 5-60 所示。

图 5-60　挂画的材质最终效果

图 5-61　设置挂画材质

Step
01 挂画的材质使用了一个 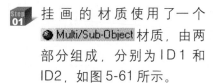 Multi/Sub-Object 材质，由两部分组成，分别为 ID1 和 ID2，如图 5-61 所示。

Step 02 设置 ID1 材质参数如图 5-62 所示。

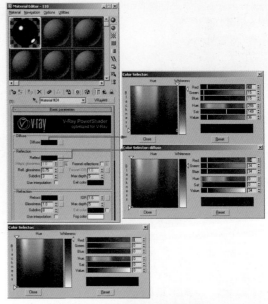

图 5-62 ID1 材质参数设置

Step 03 设置 ID2 材质参数如图 5-63 所示（贴图为本书配套光盘\Maps\H_0012.jpg 文件）。

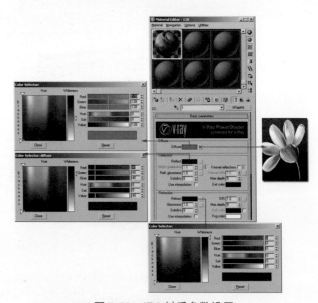

图 5-63 ID2 材质参数设置

Step 04 使用相同的方法设置墙上的大幅挂画的材质，注意更换中间部分的贴图，最终渲染效果如图 5-64 所示。

图 5-64 大幅挂画材质设置最终效果

Step 05 大幅挂画使用了一个 ⬤ Multi/Sub-Object 材质，由两部分组成，分别为 ID1 和 ID2，如图 5-65 所示。

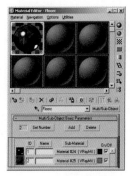

图 5-65　设置大幅挂画的材质

Step 06 设置ID1材质如图5-66所示。

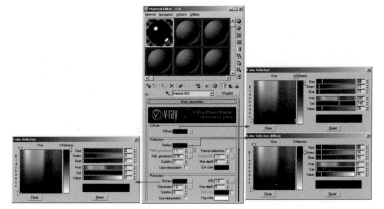

图 5-66　设置 ID1 的材质

Step 07 设置 ID2 材质如图 5-67 所示（贴图为本书配套光盘 \ Maps\H_0030.jpg 文件）。

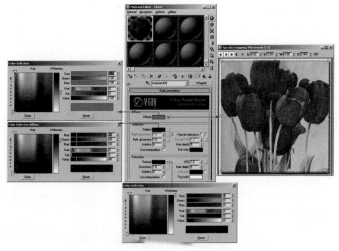

图 5-67　设置 ID2 的材质

7. 台灯及像框的材质设置

台灯由金属支架和红色的灯罩组成，像框由木制外框和里面的相片组成，最终渲染效果如图 5-68 所示。

Step 01 红色台灯罩材质使用一个  Multi/Sub-Object 材质，由 ID1 和 ID2 组成，如图 5-69 所示。

图 5-68　台灯及像框材质的最终效果

图 5-69　设置台灯罩的材质

Step 02 设置 ID1 材质如图 5-70 和图 5-71 所示。

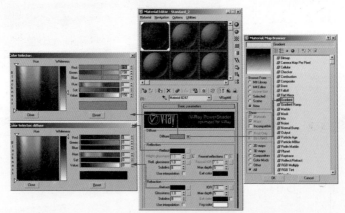

图 5-70　ID1 的材质设置 1

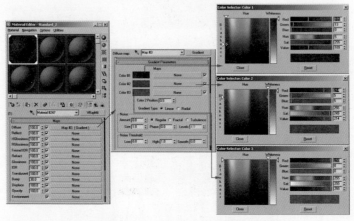

图 5-71　ID1 的材质设置 2

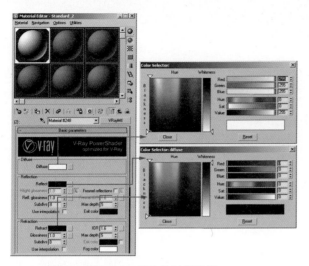

图 5-72 ID2 的材质设置

Step 03 设置ID2材质如图5-72所示。

Step 04 设置金属支架材质参数如图 5-73 所示。

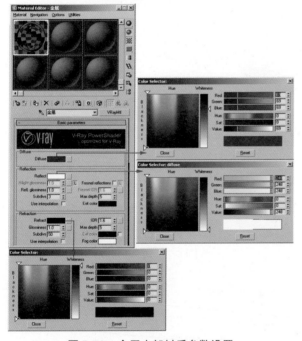

图 5-73 金属支架材质参数设置

Step 05 下面制作像框材质。像框材质最终渲染效果如图 5-74 所示。

图 5-74 像框材质最终渲染效果

[123]

Step 06 像框材质本身也是一个  Multi/Sub-Object 材质，由 ID1 和 ID2 组成，如图 5-75 所示。

Step 07 设置 ID1 材质如图 5-76 所示。

图 5-75 设置像框的材质

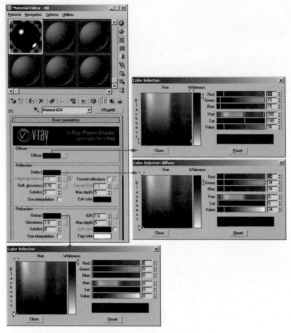

图 5-76 ID1 的材质设置

Step 08 设置 ID2 材质如图 5-77 所示（贴图为本书配套光盘 \ Maps\105eacf5c83.jpg 文件）。

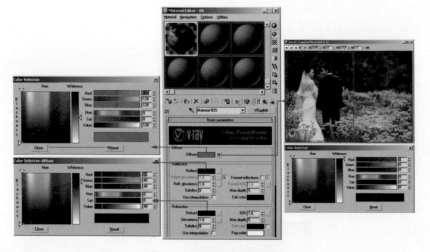

图 5-77 ID2 的材质设置

图 5-78 玻璃茶几材质的最终渲染效果

8．玻璃茶几的材质

玻璃茶几包括玻璃、磨砂金属和果盘3部分，最终渲染效果如图 5-78 所示。

 设置玻璃材质参数如图 5-79 所示。

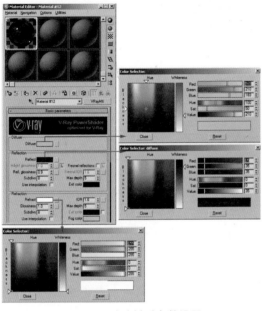

图 5-79 玻璃材质参数设置

 设置磨砂金属材质参数如图 5-80 所示。

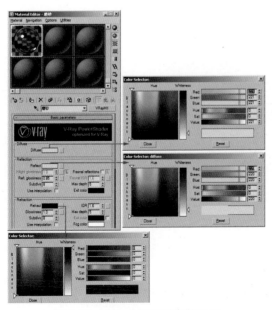

图 5-80 磨砂金属材质参数设置

[VRay渲染传奇]

Step 03 苹果及盘子材质的最终效果如图 5-81 所示。苹果的材质设置，单击 Diffuse 旁的 ▓ 按钮，在弹出的 **Material/Map Browser** 对话框中选择 **Bitmap** 贴图，在弹出的 **Select Bitmap Image File** 对话框中选择本书配套光盘\Maps\ MEL6.GIF 文件，如图5-82所示。

图 5-81 苹果及盘子材质的最终效果

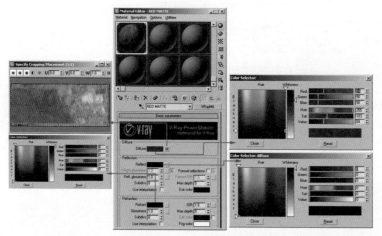

图 5-82 苹果的材质设置

Step 04 设置盘子的材质参数如图 5-83 所示。

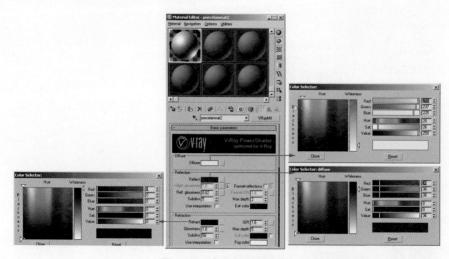

图 5-83 盘子的材质设置

图 5-84　植物材质最终效果

9．植物的材质设置

植物包括 4 部分，分别为花盆、泥土、数枝和树叶。最终渲染效果如图 5-84 所示。

Step 01　设置花盆的材质参数如图 5-85 所示。

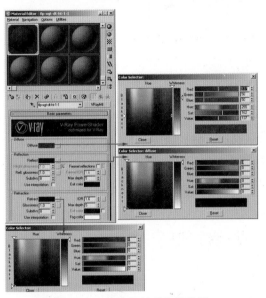

图 5-85　花盆的材质参数设置

Step 02　设置树干的材质参数如图 5-86 所示。

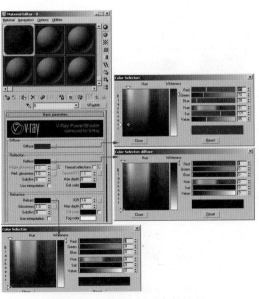

图 5-86　泥土的材质参数设置

Step 03 设置树枝的材质参数如图5-87
所示。

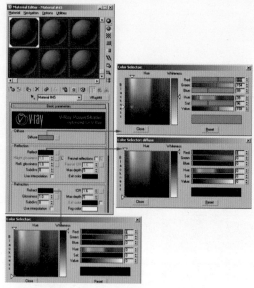

图 5-87　树枝的材质参数设置

Step 04 设置树叶的材质参数如图5-88
所示。

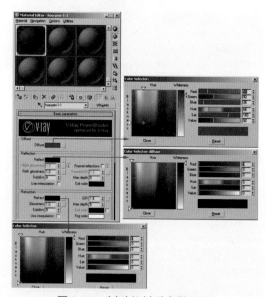

图 5-88　树叶的材质参数设置

10．组合音响材质设置

组合音响包括木制音箱、喇
叭、金属支架3部分，最终渲染
效果如图5-89所示。

图 5-89　组合音响材质最终效果

01 设置木制音箱材质参数如图 5-90 所示（贴图为本书配套光盘 \Maps\ 樱桃木 -07.jpg 文件）。

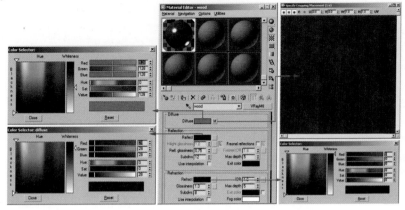

图 5-90　木制音箱材质参数设置

02 设置金属支架材质参数如图 5-91 所示。

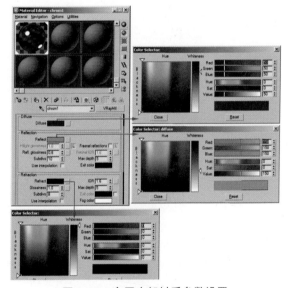

图 5-91　金属支架材质参数设置

03 设置喇叭材质参数如图 5-92 所示，它是一个 Multi/Sub-Object 材质。

图 5-92　喇叭材质参数设置

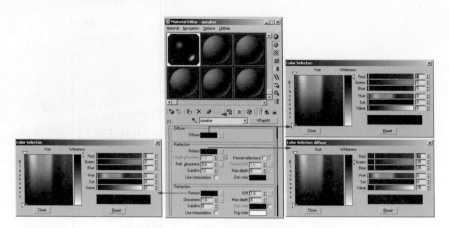

Step 04 设置ID1材质参数如图5-93所示。

图 5-93 ID1 材质参数设置

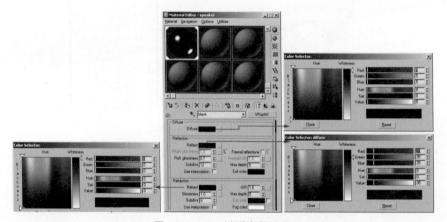

Step 05 设置 ID2 材质参数如图 5-94 所示。

图 5-94 ID2 材质参数设置

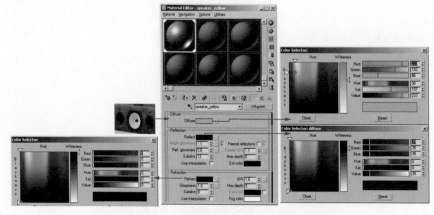

Step 06 设置喇叭黄色部分材质参数如图 5-95 所示。

图 5-95 喇叭黄色部分材质参数设置

设置喇叭顶部黑色部分材质参数如图 5-96 所示。

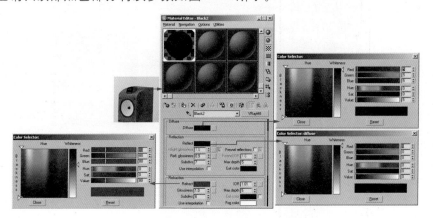

图 5-96 喇叭顶部黑色部分材质参数设置

11. 地毯及地板材质的设置

首先介绍地毯材质的制作，地毯材质最终效果如图 5-97 所示。

图 5-97 地毯材质最终效果

设置地毯的材质。在 Diffuse 贴图通道添加 Falloff 贴图，具体参数如图 5-98 和图 5-99 所示（贴图为本书配套光盘 \Maps\1706432-67-embed.jpg 和地毯置换.jpg 文件）。

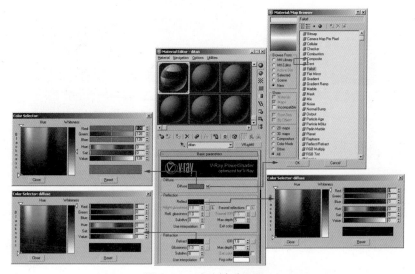

图 5-98 地毯材质设置 1

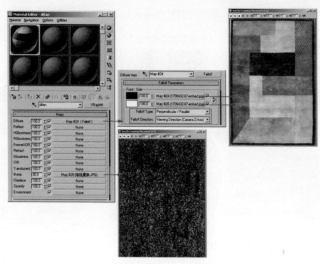

图 5-99　地毯材质设置 2

Step 02 设置地板的材质。地板为深色的木制地板，全部由贴图来实现，最终效果如图 5-100 所示。

图 5-100　地板的材质渲染效果

Step 03 设置地板材质参数如图 5-101 所示（贴图为本书配套光盘 \Maps\ 黑地板砖.jpg 文件）。

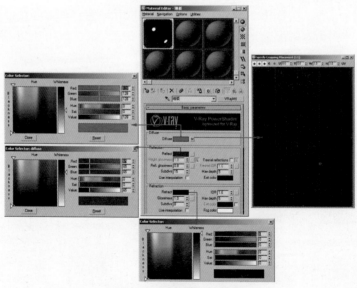

图 5-101　地板材质参数设置

第 2 节　设置场景灯光

重点提示

　　本例场景灯光的设置是为了表现一个正午的效果，使用 VRay 天光和 VRayLight 模拟环境天光，与其他实例不同的是使用了 IES Sun 充当主光源。

Step 01 按 F10 键打开 Render Scene 对话框，进入 `Renderer` 选项卡，在 `V-Ray:: Global switches`（全局设置）卷展栏中，设置参数如图 5-102 所示。

图 5-102　全局设置

Step 02 在 `V-Ray:: Image sampler (Antialiasing)`（图像抗锯齿采样）卷展栏中，设置参数如图 5-103 所示。

Step 03 在 `V-Ray:: Indirect illumination (GI)`（间接照明）卷展栏中，设置参数如图 5-104 所示。

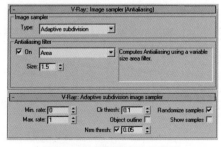

图 5-103　设置抗锯齿采样

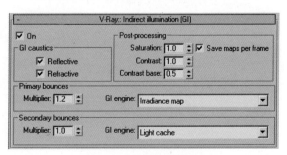

图 5-104　设置间接照明

[VRay渲染传奇]

[133]

Step 04　在 V-Ray:: Irradiance map （发光贴图）卷展栏中，设置参数如图 5-105 所示。

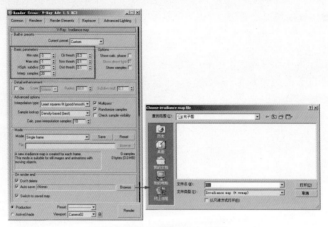

图 5-105　设置发光贴图

[提示]

下面是 V-Ray:: Irradiance map 卷展栏中的部分参数介绍。

Clr thresh （颜色阈值）：该参数确定发光贴图算法对间接照明变化的敏感程度。较大的值表示较小的敏感性。

Nrm thresh （法线阈值）：该参数确定发光贴图算法对表面法线变化的敏感程度。

Dist thresh （距离阈值）：该参数确定发光贴图算法对两个表面距离变化的敏感程度。

Show calc. phase （显示计算相位）：勾选该复选框，VRay 在计算发光贴图的时候将显示发光贴图的传递，同时会减慢一点渲染计算速度，特别是在渲染大的图像时。

Show direct light （显示直接照明）：只在 Show calc. phase 勾选时才被激活。它将使 VRay 在计算发光贴图时显示直接照明。

Show samples （显示样本）：勾选时 VRay 将在 VFB 窗口以小圆点的形式直观地显示发光贴图中使用的样本情况。

Advanced options （高级选项）选项组提供了 4 种插补类型。Weighted average （加权平均值）：该值设置发光贴图中 GI 样本点到插补点的距离和法向差异进行简单的混合。Least squares fit （最小平方适配）：这是默认的设置类型，它计算一个在发光贴图样本之间最合适的 GI 值，可以产生比加权平均值更平滑的效果，同时渲染会变慢。Delone triangulation （三角测量法）：几乎所有其他的插补方法都有模糊效果，确切地说，它们都趋向于模糊间接照明中的细节，都有密度偏置的倾向。而 Delone triangulation 不会产生模糊效果，它可以保护场景细节，避免产生密度偏置。由于它没有模糊效果，因此看上去会产生更多的噪波。为了得到充分的细节，可能需要更多的样本，这可以通过增大发光贴图的 HSph.Subdivs （半球细分）值或者 V-Ray:: rQMC Sampler 中的 Noise threshold （噪波阈值）值来完成。Least squares w/Voronoi weights （最小平方加权法）：这种方法是对最小平方适配方法缺点的修正，它的渲染速度相当缓慢，不建议采用。

在 V-Ray:: Light cache（灯光贴图）卷展栏中，设置参数如图 5-106 所示。

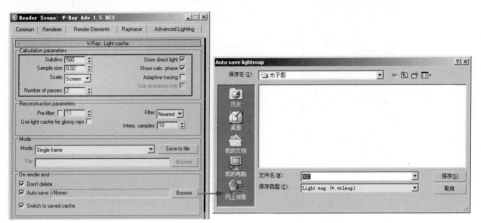

图 5-106　设置灯光贴图

[提示]

下面是 V-Ray:: Light cache 卷展栏的部分参数介绍。

Subdivs（细分）：设置灯光信息的细腻程度（确定有多少条来自摄像机的路径被跟踪），一般开始做图时设置为 100 进行快速渲染测试，正式渲染时设置为 1000 到 1500，速度是很快的。

Sample size（样本尺寸）：决定灯光贴图中样本的间隔。较小的值意味着样本之间相互距离较近，灯光贴图将保护灯光锐利的细节，不过会导致产生噪波，并且占用较多的内存，反之亦然。根据灯光贴图模式的不同，这个参数可以使用世界单位，也可以使用相对图像的尺寸。该参数值越小，画面越细腻，一般情况下正式出图时应设置为 0.01 以下。

Scale（比例）：包括 Screen（场景比例）和 World（世界单位）两个选项，主要用于确定样本尺寸和过滤器尺寸。

Screen（场景比例）：这个比例是按照最终渲染图像的尺寸来确定的，取值为 1 意味着样本比例和整个图像一样大，靠近摄像机的样本比较小，而远离摄影机的样本则比较大。注意这个比例不依赖于图像分辨率。这个参数适合于静帧场景和每一帧都需要计算灯光贴图的动画场景。

World（世界单位）：这个选项意味着在场景中的任何一个地方都使用固定的世界单位，也会影响样本的品质——靠近摄像机的样本会被经常采样，也会显得更平滑，反之亦然。当渲染摄影机动画时，使用这个参数可能会产生更好的效果，因为它会在场景的任何地方强制使用恒定的样本密度。

Store direct light（存储直接光）：在光子贴图中同时保存直接光照明的相关信息。这个参数对于包含许多灯光、使用发光贴图或直接计算 GI 方法作为初级反弹的场景特别有用。因为直接光照明包含在了灯光贴图中，可以不再对每一个灯光进行采样。不过请注意只有场景中灯光产生的漫反射照明才能被保存。如果想使用灯光贴图来近似计算 GI，同时又想保持直接光的锐利度，请不要勾选这个复选框。

[提示]

Number of passes（计算次数）：灯光贴图计算的次数。如果 CPU 不是双核心或没有采用超线程技术，建议把这个值设为 1，可以得到最好的结果。

Pre-filter（预过滤器）：勾选的时候，在渲染前灯光贴图中的样本会被提前过滤。注意，它与下面将要介绍的灯光贴图的过滤是不一样的，那些过滤是在渲染中进行的。预过滤的工作流程是：依次检查每一个样本，如果需要就修改它，以便其达到附近样本数量的平均水平。更多的预过滤样本将产生较多模糊和较少噪波的灯光贴图。一旦新的灯光贴图从硬盘上导入或被重新计算后，预过滤就会被计算。

Filter（过滤器）：这个参数确定灯光贴图在渲染过程中使用的过滤器类型。过滤器是用来确定在灯光贴图中以内插值替换的样本是如何发光的。

Step 06 打开 V-Ray:: Environment（环境）卷展栏，设置如图 5-107 所示。

图 5-107　设置环境

[提示]

V-Ray:: Environment 卷展栏的功能是在 GI 和反射 / 折射计算中为环境指定颜色或贴图。

GI Environment (skylight) override 选顶组可以在计算间接照明的时候替代3ds Max的环境设置，这种改变 GI 环境的效果类似于天空光。

On（启用）：只有勾选这一复选框后，其后的参数才会被激活，在计算 GI 的过程中 VRay 才能使用指定的环境色或纹理贴图，否则系统将使用 3ds Max 默认的环境参数设置。

Color（颜色）：允许用户指定背景颜色(即天空光的颜色)。

Multiplier（倍增）：设置天空颜色的亮度倍增。

Step 07 在 V-Ray:: rQMC Sampler（准蒙特卡罗采样器）卷展栏中设置参数如图 5-108 所示。这是模糊采样设置。

图 5-108　设置准蒙特卡罗采样器

[提示] 下面是准蒙特卡罗采样器的参数介绍。

Adaptive amount（自适应数量）：用于控制重要性采样使用的范围。默认的取值是 1，表示重要性采样的使用在尽可能大的范围内，0 则表示不进行重要性采样，这时样本的数量会保持在一个相同的数量上，而不管模糊效果的计算结果如何。减少这个值会减慢渲染速度，但同时会降低噪波和黑斑。

Min samples（最小样本数）：确定在早期终止算法被使用之前必须获得的最少样本数量。较高的取值将会减慢渲染速度，但同时会使早期终止算法更可靠。

图 5-109　设置曝光方式

Step 08　在 **V-Ray:: Color mapping**（颜色贴图）卷展栏中，设置 Type 为 Exponential 方式，如图 5-109 所示。

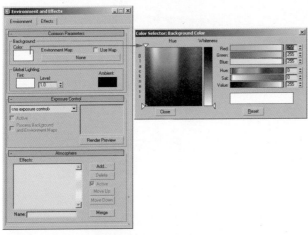

图 5-110　设置背景颜色

Step 09　设置场景的背景颜色。单击菜单栏中的 Rendering（渲染）> Environment（环境）命令，在弹出的 **Environment and Effects** 对话框中将背景颜色设置为白色，如图 5-110 所示。

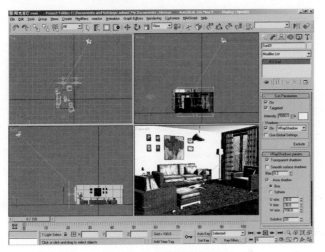

图 5-111　设置主光源

Step 10　设置主光源。主光源是由一个 IES Sun 来实现的，具体位置及参数设置如图 5-111 所示。

Step 11 设置 VRayLight01 和 VRayLight02。它们是充当面光源，具体的位置及参数设置如图 5-112 所示。

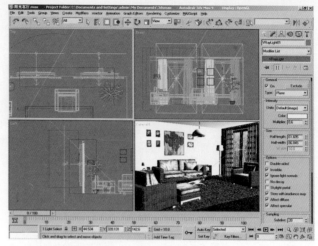

图 5-112　设置补光 1

Step 12 设置 VRayLight03 和 VRayLight04。它们也是充当面光源，具体的位置及参数设置如图 5-113 所示。

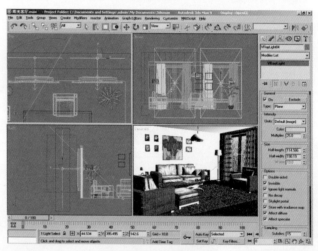

图 5-113　设置补光 2

Step 13 设置测试渲染尺寸，如图 5-114 所示。

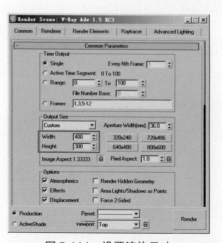

图 5-114　设置渲染尺寸

> Step 14　渲染 Camera01 视图，渲染效果如图 5-115 所示。

图 5-115　测试渲染效果

第 3 节　最终成品渲染

重点提示

　　VRay 的灯光贴图（Light Cache）与发光贴图（Irradiance Map）分别是两种渲染引擎，前者近似于全局光照技术，而后者基于发光缓存技术。本节将使用灯光贴图加发光贴图的方法进行场景的渲染。

1．设置抗锯齿和过滤器

> Step 01　按键 F10 键打开 Render Scene 对话框，进入 Renderer 选项卡，如图 5-116 所示。

> Step 02　打开 V-Ray:: Global switches（全局设置）卷展栏，设置参数如图 5-117 所示。

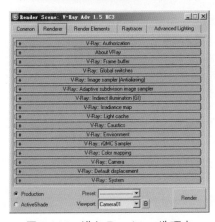

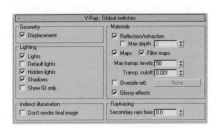

图 5-116　进入 Renderer 选项卡　　　　图 5-117　设置参数

Step 03 在 `V-Ray:: Image sampler (Antialiasing)` （图像抗锯齿采样）卷展栏中，设置参数如图 5-118 所示。设置过滤器为 Catmull-Rom，可以让画面更加锐化。

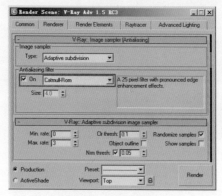

图 5-118　设置过滤方式

2．设置渲染级别

Step 01 打开 `V-Ray:: Indirect illumination (GI)` （间接照明）卷展栏，在 Secondary bounces （二次反弹）选项组中，设置 Multiplier 值为 1.0。如图 5-119 所示。

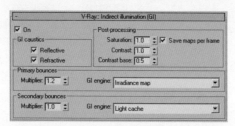

图 5-119　设置二次反弹

Step 02 打开 `V-Ray:: Irradiance map` （发光贴图）卷展栏，在 Built-in presets 选项组中设置发光贴图采样级别为 High，如图 5-120 所示。

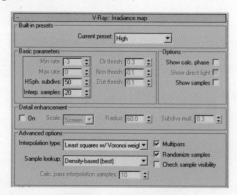

图 5-120　设置渲染级别

3．设置保存发光贴图

Step 01 在 `V-Ray:: Irradiance map` 卷展栏中，勾选 On render end 选项组中的 Don't delete 复选框和 Auto save 复选框，单击 Auto save 后面的 `Browse` 按钮，在弹出的 `Auto save irradiance map` 对话框中输入要保存的文件名并选择保存路径，如图 5-121 所示。

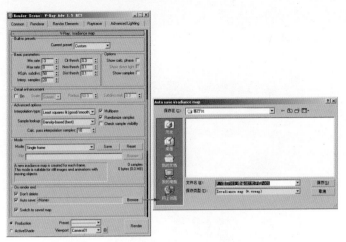

图 5-121　设置发光贴图

Step 02 在 **V-Ray:: Light cache**（灯光贴图）卷展栏中进行同样的设置，如图 5-122 所示。

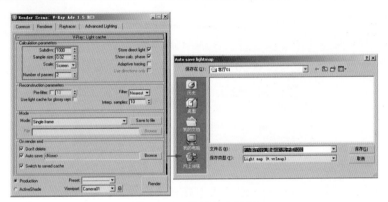

图 5-122　设置灯光贴图

Step 03 设置其他参数如图 5-123 所示。

Step 04 进入 Render Scene 对话框的 **Common** 选项卡，设置较小的渲染图像尺寸，可以有效地缩短计算时间，如图 5-124 所示。

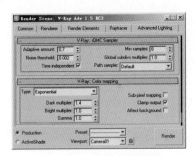

图 5-123　设置其他参数

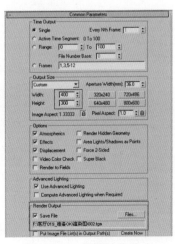

图 5-124　设置渲染尺寸

按F9键对摄影机视图进行渲染，效果如图5-125所示。由于这次设置了较高的渲染采样参数，渲染时间也增加了。

图5-125　渲染精度提高

4．最终渲染

当发光贴图计算及其渲染完成后，在 Render Scene 对话框的 Common 选项卡中设置最终渲染图像的尺寸，如图5-126所示。

图5-126　设置渲染尺寸

拾取发光贴图。如图5-127所示，单击 Browse 按钮，在弹出的 Choose irradiance map file 对话框中选择保存好的发光贴图，单击"打开"按钮。

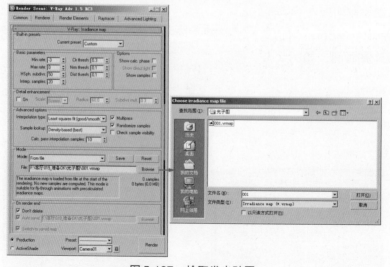

图5-127　拾取发光贴图

Step 03 在 `V-Ray:: Light cache` （灯光贴图）卷展栏中进行同样的拾取操作，如图 5-128 所示。

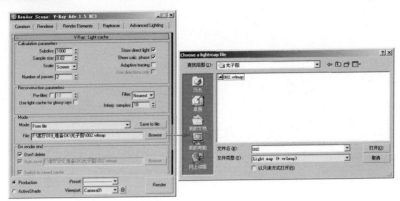

图 5-128　拾取灯光贴图

Step 04 进行最终渲染，效果如图 5-129 所示。最终场景模型可参考本书配套光盘 \Scenes\ 阳光客厅 _ 最终.max 文件。

图 5-129　最终渲染图像

　　本实例进一步介绍了使用 VRay 渲染器制作具有各种质感的对象的方法，并使用发光贴图配合灯光贴图引擎制作了具有通透光效的场景，这种搭配方法适合于对象比较多的大场景室内渲染。通过这个实例读者应该对 VRay 的使用有了更深入的了解，能够独自制作一般的场景了。下一章将配合室内灯光制作更加具有真实质感的场景。

[VRay渲染传奇]

第6章 蓝色经典

本章实例将通过柔和照明和一系列高级材质设置来制作一个时尚风格的卧室场景。 卧室通常要营造出比较温馨的气氛，色调不宜过于浓烈，颜色反差不能太大。本例场景的色调整体比较清淡，墙面使用了淡蓝色和乳白色，床单和房间内的家具也与墙面和地面的色调和谐统一。

第1节　设置场景材质

重点提示

　　本节将设置场景中各个对象（墙体、钟表、柜子、装饰物、床上用品等）的材质。使用了VRay-LightMtl（VRay灯光）材质来模拟自发光对象的质感。

1. 设置墙体的材质

Step 01　打开如图6-1所示的场景。这是一个卧室的场景（配套光盘\scenes\蓝色经典.max文件）。场景中的墙分两种，一种是蓝色的乳胶漆墙面，一种是白色的砖块墙面。它们的材质效果如图6-2所示。

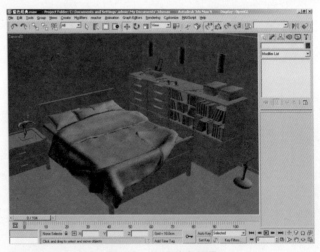

图6-1　打开卧室场景

图6-2　墙的材质效果

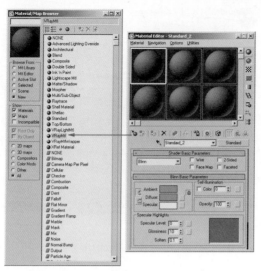

图6-3 设置Vray专用材质

Step 02 在材质编辑器中选择一个空白样本球，单击 Standard 按钮，在弹出的 Material/Map Browser 对话框中选择 ● VRayMtl 材质，如图6-3所示。

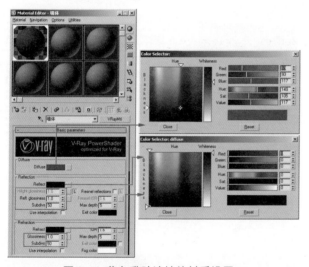

图6-4 蓝色乳胶漆墙体材质设置1

Step 03 设置蓝色乳胶漆墙体部分材质，参数设置如图6-4和图6-5所示（贴图为本书配套光盘\Maps\wall _bump.jpg 文件）。

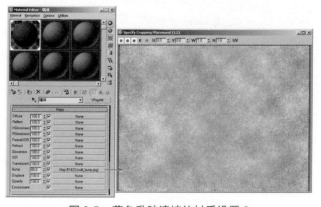

图6-5 蓝色乳胶漆墙体材质设置2

Step 04 设置白色砖块墙体部分材质，参数设置如图6-6和图6-7所示（贴图为本书配套光盘\Maps\bricks-displace.jpg文件）。

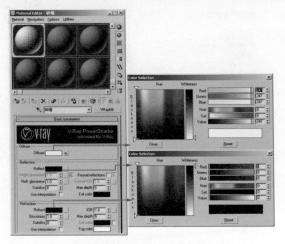

图6-6　白色墙体材质设置1

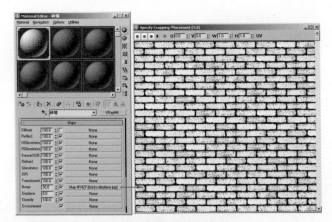

图6-7　白色墙体材质设置2

2．设置地板材质

地板材质为带有颜色的磨砂水泥材质，最终渲染效果如图6-8所示。

图6-8　磨砂水泥材质效果

地板材质参数设置如图 6-9 和图 6-10 所示。分别在 Reflect（反射）贴图通道和 Bump（凹凸）贴图通道上添加了 Noise（噪波）贴图。这样做的目的是增加材质的真实感。

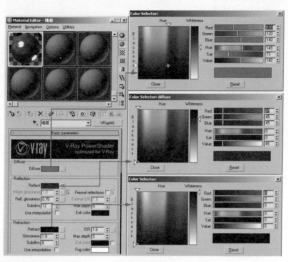

图 6-9　地板材质参数设置 1

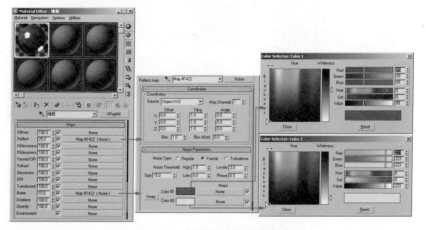

图 6-10　地板材质参数设置 2

3．设置钟表的材质

墙面挂钟的材质由 3 部分组成，分别为表壳材质、黑色指针材质和红色指针材质，效果如图 6-11 所示。

图 6-11　钟表材质效果

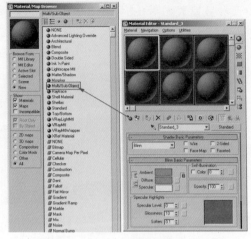

Step 01 按M键打开材质编辑器，单击 按钮，打开 **Material/Map Browser** 对话框，选择 **Multi/Sub-Object**（多维／子对象）材质，如图6-12所示。

图6-12　选择 Multi/Sub-Object 材质

Step 02 分别设置 ID1 和 ID2 的材质，如图6-13所示。

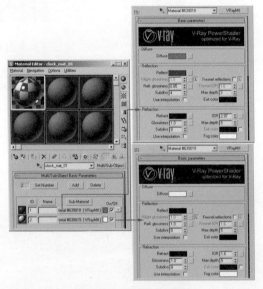

图6-13　设置材质参数

Step 03 设置黑色指针材质参数如图6-14所示。

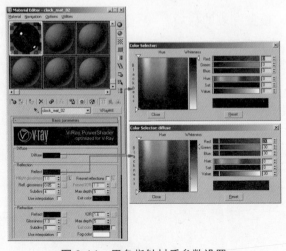

图6-14　黑色指针材质参数设置

[VRay渲染传奇]

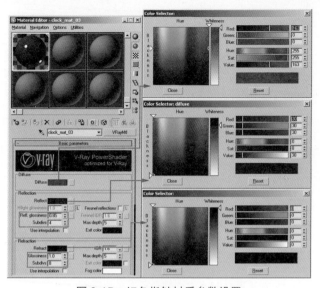

图 6-15　红色指针材质参数设置

Step 04 设置红色指针材质参数如图 6-15 所示。

图 6-16　柜子材质最终效果

4．柜子材质设置

柜子材质由两部分组成，分别为蓝色和白色的亚光漆材质。效果如图 6-16 所示。

Step 01 设置蓝色部分材质参数如图 6-17 所示。

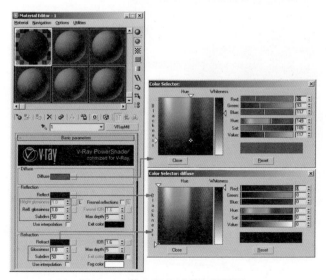

图 6-17　蓝色部分材质参数设置

Step 02 设置白色部分材质参数如图 6-18 所示。

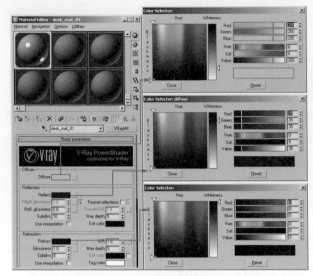

图 6-18　白色部分材质参数设置

5．小装饰材质设置

柜子上面的小人饰物使用了白金材质，效果如图 6-19 所示。

图 6-19　白金小人材质最终渲染效果

Step 01 按 M 键打开材质编辑器，在 Reflection 贴图通道上添加一个 Falloff 贴图，如图 6-20 所示。

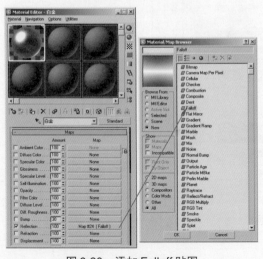

图 6-20　添加 Falloff 贴图

Step 02 设置 Falloff 贴图的参数如图 6-21 所示。

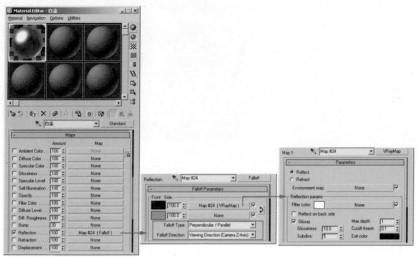

图 6-21　Falloff 贴图参数设置

6. 圆珠笔及铅笔的材质设置

这部分材质主要由塑料和金属组成。充分掌握这类材质的制作方法对于理解参数的意义是很有帮助的。

Step 01 首先制作圆珠笔的材质。材质最终效果如图 6-22 所示。红色部分为塑料材质，参数设置如图 6-23 所示。

图 6-22　圆珠笔材质渲染效果

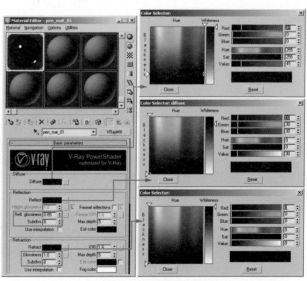

图 6-23　红色塑料材质设置

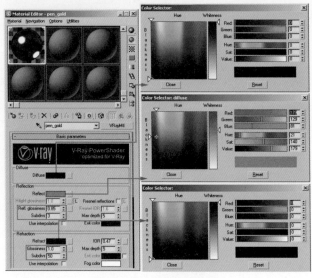

Step 02 金色部分为金属材质，设置其参数如图 6-24 所示。

图 6-24　金属材质设置

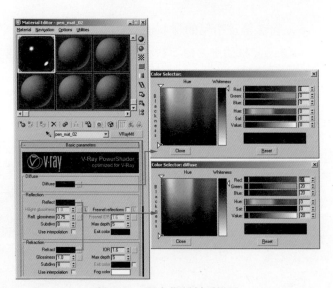

Step 03 按帽部分为黑色的塑料材质，设置参数如图 6-25 所示。

图 6-25　黑色塑料材质设置

Step 04 下面制作铅笔的材质。铅笔材质渲染效果如图 6-26 所示。

图 6-26　铅笔材质渲染效果

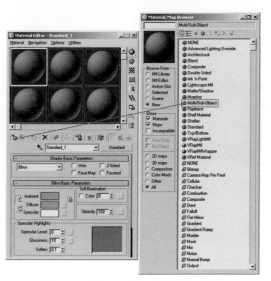

图 6-27　选择 Multi/Sub-Object 材质

[VRay渲染传奇]

Step 05　按M键打开材质编辑器，单击 🛅 按钮，打开 Material/Map Browser 对话框，选择 ● Multi/Sub-Object 材质，如图 6-27 所示。

图 6-28　材质的组成

Step 06　材质分别为 ID1、ID2 和 ID3 3 部分组成，如图 6-28 所示。

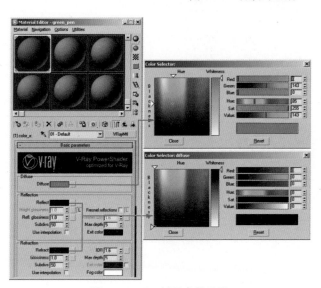

图 6-29　ID1 材质参数设置

Step 07　设置 ID1 材质参数如图 6-29 所示。

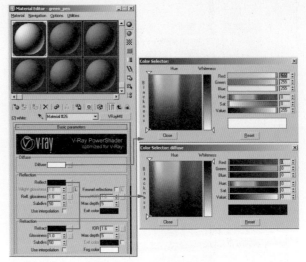

Step 08 设置 ID2 材质参数如图 6-30 所示。

图 6-30　ID2 材质参数设置

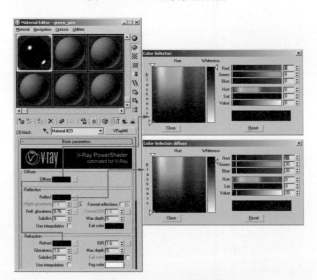

Step 09 设置 ID3 材质参数如图 6-31 所示。

图 6-31　ID3 材质参数设置

Step 10 设置红色部分材质参数如图 6-32 所示。

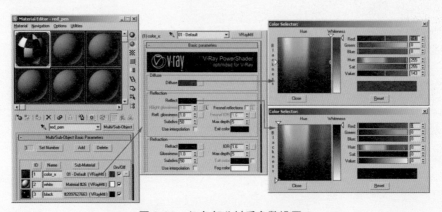

图 6-32　红色部分材质参数设置

图 6-33　床材质渲染效果

7．床的材质

床共由 4 部分组成，分别为床单、枕头、床垫和支架。最终渲染效果如图 6-33 所示。

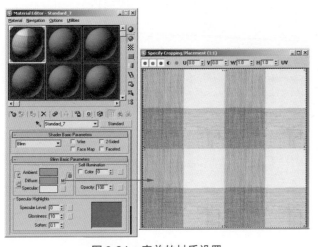

图 6-34　床单的材质设置

首先设置床单的材质。单击 Diffuse 旁的▇按钮，在弹出的 Material/Map Browser 对话框中选择 ☑ Bitmap 贴图，在弹出的 Select Bitmap Image File 对话框中选择本书配套光盘 \ Maps\BW-015.jpg 文件，如图 6-34 所示。

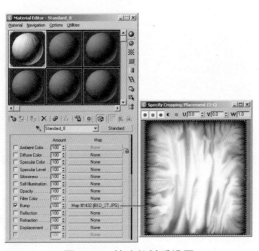

图 6-35　枕头的材质设置

设置枕头的材质如图 6-35 所示（贴图为本书配套光盘 \ Maps\BED_ZT.jpg 文件）。

Step 03 设置床垫的材质如图6-36所示（贴图为本书配套光盘\Maps\BW-089.jpg文件）。

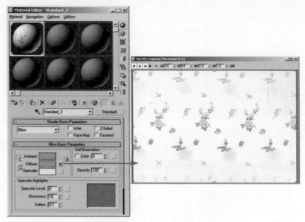

图6-36　床垫的材质设置

Step 04 设置蓝色支架部分材质如图6-37所示。

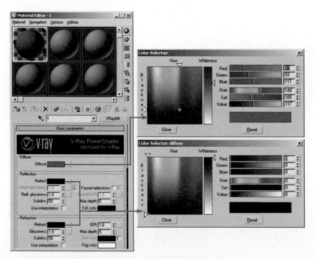

图6-37　蓝色支架部分的材质设置

Step 05 设置白色支架部分材质如图6-38所示。

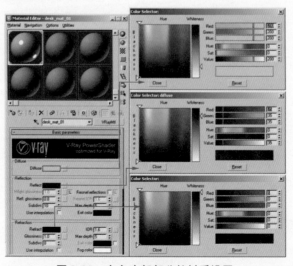

图6-38　白色支架部分的材质设置

8．花瓶及干花材质

花瓶使用了陶瓷材质，有很高的高光光泽，花瓶中放有几束干枝，最终效果如图 6-39 所示。

图 6-39 花瓶及干枝材质渲染效果

设置花瓶材质如图 6-40 和图 6-41 所示。

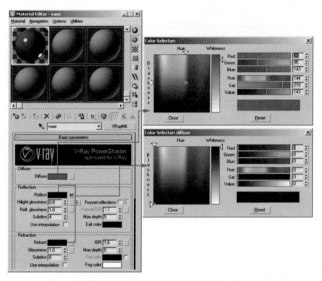

图 6-40 花瓶材质参数设置 1

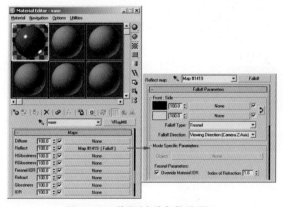

图 6-41 花瓶材质参数设置 2

Step 02 设置干枝材质。单击 Diffuse 旁的 ▦ 按钮，在弹出的 **Material/Map Browser** 对话框中选
择 ▦ **Bitmap** 贴图，在弹出的 **Select Bitmap Image File** 对话框中选择本书配套光盘 \Maps\
BARK5.jpg 文件，如图 6-42 所示。

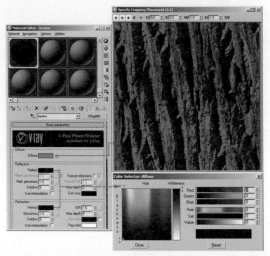

图 6-42　干枝材质设置

9．灯的材质设置

灯使用了一个自发光材质，具体为 VRay 的 VRaylightMtl 材质，这种材质可以产生很
好的自发光效果。渲染效果如图 6-43 所示。

图 6-43　灯材质渲染效果

Step 01 设置自发光材质参数如图 6-44 所示。

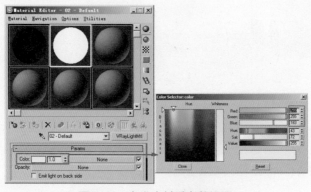

图 6-44　自发光材质参数设置

下面简单介绍一下 VRayLightMtl 材质的主要参数。

Color（颜色）：当没有设置贴图时，该拾色器对材质发射何种颜色的光起到决定性作用。

Multiplier（倍增）：设置颜色的发光效果倍增。

Emit light on back side（背面发光）：设置材质的双面发光属性。

Step 02　设置金属支架材质如图6-45所示。

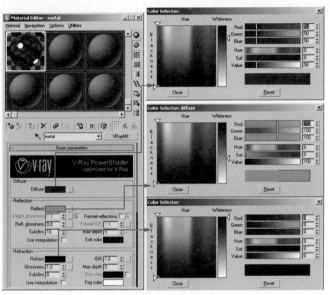

图 6-45　金属支架材质设置

10．盒子材质设置

盒子的材质使用了准备好的贴图，渲染效果如图6-46所示。

图 6-46　盒子材质渲染效果

盒子材质参数设置如图6-47所示（贴图为本书配套光盘 \Maps\br_paper.jpg 文件）。

[VRay渲染传奇]

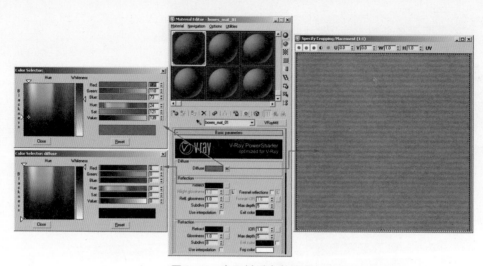

图6-47　盒子材质参数设置

11. 打印机材质设置

　　打印机材质只有一些简单的颜色变化，主要由白色和灰色两种颜色组成。渲染效果如图6-48所示。

图6-48　打印机材质渲染效果

Step 01　设置白色壳子材质如图6-49所示，为其加入了轻微的反射。

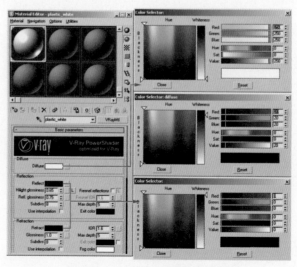

图6-49　白色壳子材质参数设置

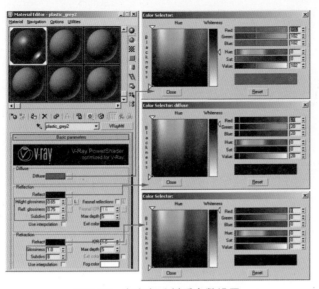

图 6-50 灰色部分材质参数设置

设置灰色部分材质参数如图 6-50 所示。

12．咖啡杯及饼干材质设置

咖啡杯是一个陶瓷材质，本身有比较高的高光，颜色为白色。咖啡及饼干的材质主要是靠贴图来实现的。渲染效果如图 6-51 所示。

图 6-51 咖啡杯及饼干材质渲染效果

设置咖啡杯材质参数如图 6-52 所示。

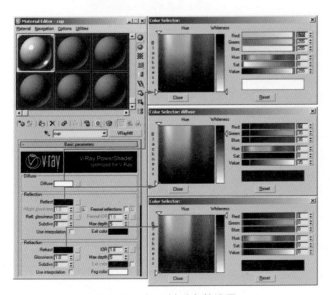

图 6-52 杯子材质参数设置

Step 02 咖啡的材质设置使用了事先准备好的咖啡贴图，如图 6-53 所示（贴图为本书配套光盘 \Maps\coffe7.jpg 和 coffe2 _bump.jpg 文件）。

图 6-53　咖啡的材质设置

Step 03 饼干的材质设置同样是使用贴图来实现的，如图 6-54 所示（贴图为本书配套光盘 \Maps\cookie2.jpg 文件）。

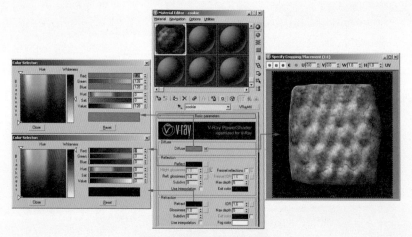

图 6-54　饼干的材质设置

13．柜子及书的材质设置

柜子材质为白色，有少量的反射。渲染效果如图 6-55 所示。书的材质使用了准备好的贴图，效果十分真实，渲染效果如图 6-56 所示。

图 6-55　柜子材质渲染效果

图 6-56　书的材质渲染效果

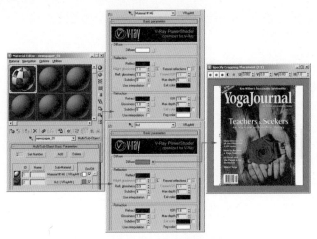

图 6-57 书的材质参数设置

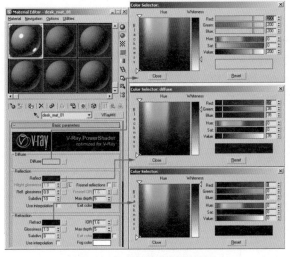

图 6-58 白色柜子材质设置

Step 01 设置书的材质如图 6-57 所示（贴图为本书配套光盘 \ Maps\13822.jpg 文件）。

Step 02 设置白色柜子材质如图 6-58 所示。

第 2 节 设置场景灯光

重点提示

本章实例中，场景灯光的设置是为了表现一个日光的效果，使用VRay天光和VRayLight模拟环境天光，使用了 Target Directionnal light（目标平行光）充当主光源。

Step 01 按 F10 键打开 Render Scene 对话框，进入 Renderer 选项卡，在 V-Ray:: Global switches（全局参数）卷展栏中，设置参数如图 6-59 所示。

Step 02 在 V-Ray:: Image sampler (Antialiasing)（图像抗锯齿采样）卷展栏中，设置参数如图 6-60 所示。

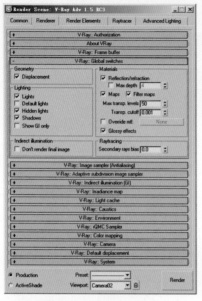

图 6-59　设置全局参数

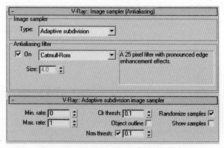

图 6-60　设置抗锯齿采样

Step 03 在 V-Ray:: Indirect illumination (GI)（间接照明）卷展栏中，设置参数如图 6-61 所示。

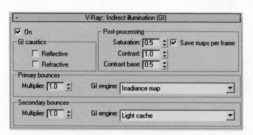

图 6-61　设置间接照明

Step 04 在 V-Ray:: Irradiance map（发光贴图）卷展栏中，设置参数如图 6-62 所示。

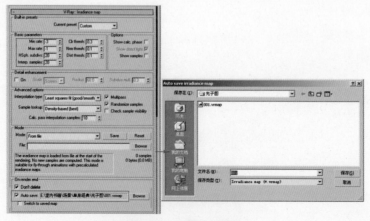

图 6-62　设置发光贴图

Step 05 在 V-Ray:: Light cache（灯光贴图）卷展栏中，设置参数如图 6-63 所示。

图 6-63　设置灯光贴图

Step 06 打开 V-Ray:: Environment（环境）卷展栏，设置参数如图 6-64 所示。

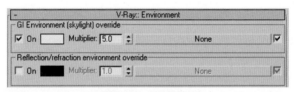

图 6-64　设置环境

Step 07 在 V-Ray:: rQMC Sampler（准蒙特卡罗采样器）卷展栏中设置参数如图 6-65 所示。

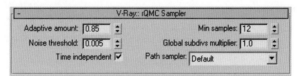

图 6-65　设置准蒙特卡罗采样器

Step 08 在 V-Ray:: Color mapping（颜色贴图）卷展栏中，设置 Type 为 Exponential，如图 6-66 所示。

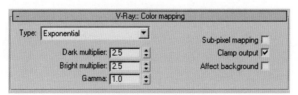

图 6-66　设置曝光方式

Step 09 设置场景的背景颜色。单击菜单栏中的 Rendering>Environment 命令，在弹出的 Environment and Effects 对话框中将背景颜色设置为白色，如图 6-67 所示。

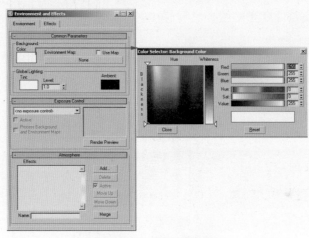

图 6-67 设置背景颜色

Step 10 设置灯光。首先设置一个自由平行光充当主光源，它的位置及参数设置如图 6-68 所示。对于主光源，必须打开它的阴影效果，阴影方式选择 VRayShadow，这种方式能产生非常真实的阴影效果。

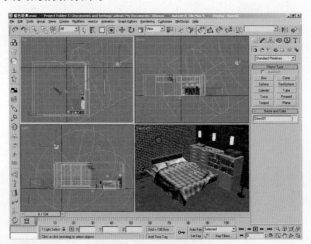

图 6-68 设置主光源

Step 11 设置灯光参数如图 6-69 所示。

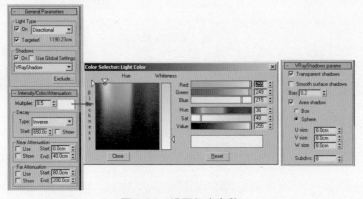

图 6-69 设置灯光参数

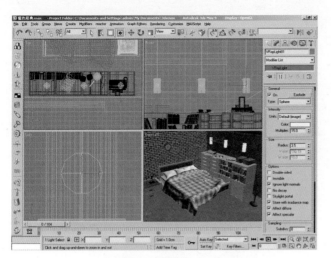

图 6-70　设置其他灯光

Step 12 场景中的其他灯光均设置为 VRayLight，具体的位置及参数设置如图 6-70 所示。

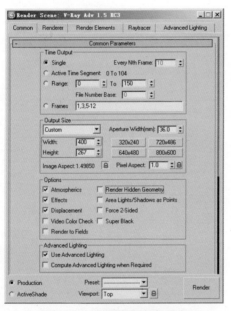

图 6-71　设置测试渲染尺寸

Step 13 设置测试渲染尺寸，如图 6-71 所示。

图 6-72　测试渲染效果

Step 14 渲染场景，效果如图 6-72 所示。

[VRay渲染传奇]

第3节　最终成品渲染

重点提示

　　完成上面测试渲染部分工作后，就可以进行最终成品的渲染了，这样做的目的是为了加快工作的效率，用低品质进行测试渲染，用高的品质完成最终渲染。

1．设置抗锯齿和过滤器

Step 01 按键 **F10** 键打开 **Render Scene** 对话框，进入 Renderer 选项卡，如图 **6-73** 所示。

图 6-73　打开 Render Scene 对话框

Step 02 打开 V-Ray:: Global switches（全局设置）卷展栏，参数设置如图 **6-74** 所示。

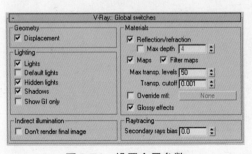

图 6-74　设置全局参数

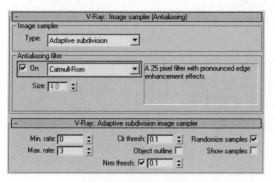

图 6-75　设置过滤器

Step
03

在 `V-Ray:: Image sampler (Antialiasing)`（图像抗锯齿采样）卷展栏中，设置参数如图 6-75 所示。设置过滤器为 Catmull-Rom，可以让画面更加锐化。

2．设置渲染级别

Step
01

打开 `V-Ray:: Indirect illumination (GI)`（间接照明）卷展栏，在 Secondary bounces 选项组中，设置 Multiplier 值为 1.0，如图 6-76 所示。

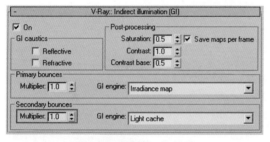

图 6-76　设置二次反弹

Step
02

打开 `V-Ray:: Irradiance map`（发光贴图）卷展栏，在 Built-in presets 选项组中设置光照贴图采样级别为 High，如图 6-77 所示。

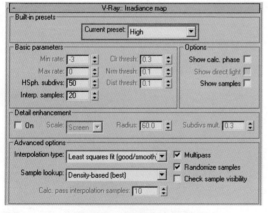

图 6-77　设置渲染级别

3．设置保存发光贴图

Step
01

在 `V-Ray:: Indirect illumination (GI)`（间接照明）卷展栏中，勾选 On render end 选项组中的 Don't delete 复选框和 Auto save 复选框，单击 Auto save 后面的 `Browse` 按钮，在弹出的 `Auto save irradiance map` 对话框中输入要保存的文件名并选择保存路径，如图 6-78 所示。

[VRay渲染传奇]

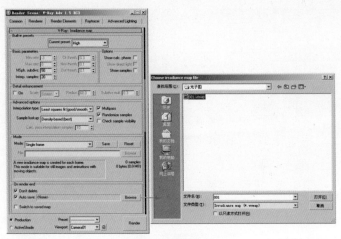

图 6-78　设置发光贴图

Step 02　在 `V-Ray:: Light cache`（灯光贴图）卷展栏中对灯光贴图进行同样的设置，如图 6-79 所示。

图 6-79　设置灯光贴图

Step 03　设置其他参数如图 6-80 所示。

Step 04　进入渲染对话框的 `Common` 选项卡，设置较小的渲染图像尺寸，可以有效地缩短计算时间，如图 6-81 所示。

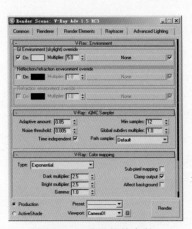

图 6-80　设置其他参数

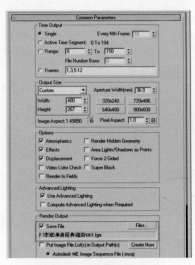

图 6-81　设置渲染尺寸

Step 05 按 F9 键对摄影机视图进行渲染，效果如图 6-82 所示由于这次设置了较高的渲染采样参数，渲染时间也增加了。

图 6-82　渲染精度提高

4．最终渲染

Step 01 当发光贴图计算及其渲染完成后，在 Render Scene 对话框的 Common 选项卡中设置最终渲染图像的尺寸，如图 6-83 所示。

图 6-83　设置渲染尺寸

Step 02 拾取发光贴图。如图 6-84 所示，单击 Browse 按钮，在弹出的 Choose irradiance map file 对话框中选择保存好的发光贴图 001.vrmap，单击"打开"按钮。

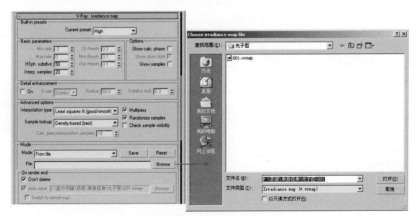

图 6-84　拾取发光贴图

Step 03 在 V-Ray:: Light cache（灯光贴图）卷展栏中对灯光贴图进行同样的拾取，如图 6-85 所示。

图 6-85　拾取灯光贴图

Step 04 进行最终渲染，效果如图 6-86 所示。最终场景模型可参考本书配套光盘 \Scenes\ 蓝色经典 _ 最终.max 文件。

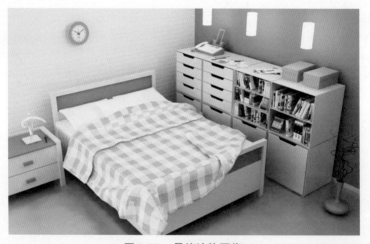

图 6-86　最终渲染图像

　　本实例详细剖析了包含丰富质感和光效的场景的制作方法，为读者熟练掌握 VRay 渲染器的使用技巧提供了平台。为了巩固学习成果，练习完成之后还应多制作几个类似的场景，注意一定要自己进行创作。假以时日，渲染水平必定会有所提高。

第7章　私人豪华浴室

本章实例是一个使用多种光线进行照明的浴室场景。浴室顶部曲线和房间内部的布置给人简洁明快的感觉。在科技日新月异的今天，连卫浴设备也进入了新纪元，不再单纯只具有清洁身体的功能，无论空间的规划还是风格的营造等方面都越来越讲究，甚至具有个人特色也是设计的重点。本章实例在材质和造型方面独具特色，让进入浴室也成为一种享受。

第1节　设置场景统一材质

重点提示

　　在表现灯光效果之前，先来对场景做一个准备工作，设置统一的材质。这样做的目的是能够快速测试灯光效果，在灯光设置确定后，还需要为各个对象重新指定材质。

打开本书配套光盘 \Scenes\allen004.max 场景文件，这是一个豪华私人浴室的场景，如图 7-1 所示。在该场景中，模型和摄影机已经设置完成，下面来学习场景灯光、材质和渲染的设置。

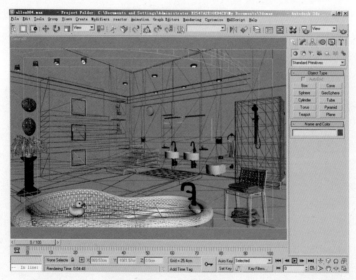

图 7-1　场景文件

首先设置 VRay 渲染器为当前渲染器。

按 M 键打开材质编辑器，选择一个空白样本球，单击 `Standard` 按钮，在弹出的 **Material/Map Browser** 对话框中选择 ● VRayMtl 材质，如图 7-2 所示。

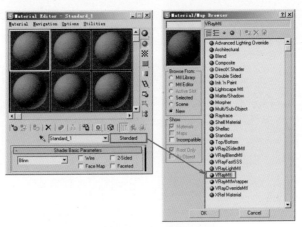

图 7-2　设置统一的场景材质

设置 Diffuse 的颜色为浅灰色，如图 7-3 所示。

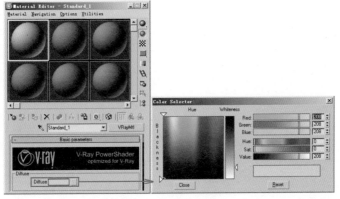

图 7-3　设置材质颜色

按 F10 键打开 Render Scene 对话框，进入 Renderer 选项卡，在 V-Ray:: Global switches 卷展栏中勾选 Override mtl:（覆盖材质）复选框，然后将刚才在材质编辑器中设置的材质拖动到 None 按钮上，使用 Instance 方式复制一份，如图 7-4 所示。这样就为场景中的所有对象设置了一个临时的代理材质。

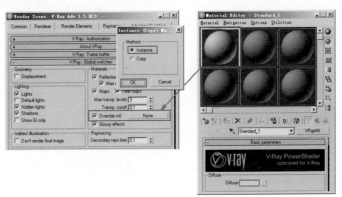

图 7-4　设置代理材质

[VRay渲染传奇]

第2节　设置场景灯光

重点提示

这个浴室场景包含了多处
光源。本节介绍如何表现浴室
在多种光线照射下的效果。将
使用VRay渲染器的VRayLight灯
光和3ds Max的Web光域网来模
拟室内混合光线。

1. 测试渲染参数设置

为了快速测试灯光的渲染效果，将设置低级别的渲染参数来进行初级的测试。

 打开 Render Scene 对话框，进入 `Renderer` 选项卡，在 `V-Ray:: Global switches` 卷展栏中，设
置全局参数如图 7-5 所示。

 在 `V-Ray:: Image sampler (Antialiasing)` 卷展栏中，设置抗锯齿采样参数如图 7-6 所示。

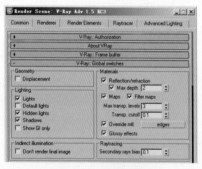

图 7-5　全局参数

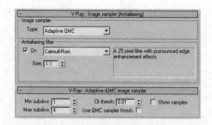

图 7-6　抗锯齿采样参数

 这里要取消 `V-Ray:: Adaptive rQMC image sampler` 卷展栏中 Use QMC sampler thresh.（使用准蒙
特卡罗采样阈值）复选框的勾选，否则会严重影响渲染速度。

 在 `V-Ray:: Indirect illumination (GI)` 卷展栏中，
设置间接照明参数如图 7-7 所示。

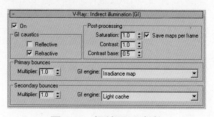

图 7-7　间接照明参数

04 在 V-Ray:: Irradiance map 卷展栏中，设置发光贴图参数如图 7-8 所示。

05 在 V-Ray:: Light cache 卷展栏中，设置灯光贴图参数如图 7-9 所示。

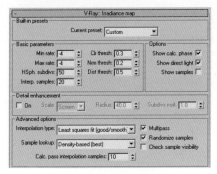

图 7-8　发光贴图参数　　　　　　　　　　图 7-9　灯光贴图参数

06 在 V-Ray:: rQMC Sampler 卷展栏中，设置准蒙特卡罗采样参数如图 7-10 所示。

07 在 V-Ray:: Color mapping 卷展栏中，设置曝光参数如图 7-11 所示。

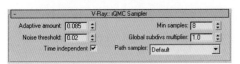

图 7-10　准蒙特卡罗采样参数　　　　　　　图 7-11　曝光参数

2．场景主光源设置

下面设置场景的主光源。

01 创建窗口的阳光。进入 （创建）命令面板，单击 下的 Target Direct 按钮，在 Left 视图中创建出目标平行光，如图 7-12 所示。这个灯光直接从天空照射到窗口。

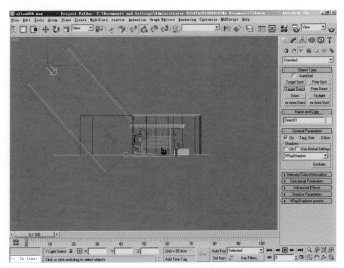

图 7-12　创建主光源

Step 02 进入 ⚙️（修改）命令面板，对其参数进行设置如图 7-13 所示。

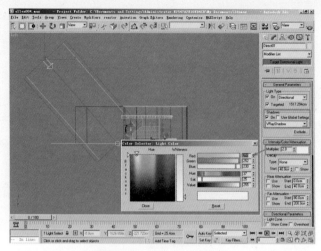

图 7-13　设置主光源参数

Step 03 创建窗口对室内的补光。进入 🔧（创建）命令面板，单击 💡 下 VRay 的 VRayLight 按钮，在 Left 视图中创建出面光源，如图 7-14 所示。

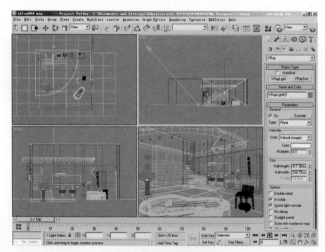

图 7-14　创建面光源

Step 04 进入 ⚙️（修改）命令面板，对其进行参数设置如图 7-15 所示。

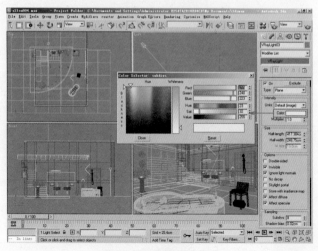

图 7-15　设置光源参数

图7-16　场景测试渲染效果

3．室内筒灯和射灯设置

下面进行补光处理，室内的筒灯和射灯可起到补光的作用。

Step 05 对场景进行测试渲染，效果如图7-16所示。

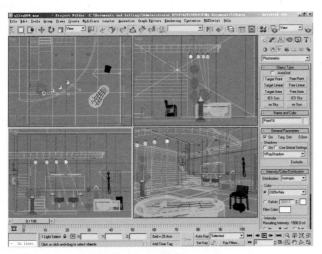

图7-17　创建射灯点光源

Step 01 先来设置画面左边的射灯。进入 （创建）命令面板，单击 下 Photometric 的 Target Point 按钮，在Front视图中创建出目标点光源，并在每个射灯下方以Instance方式复制一个，如图7-17所示。

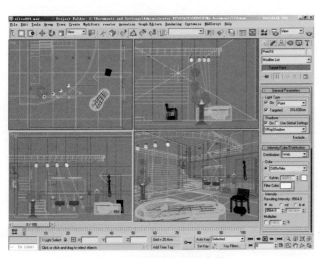

图7-18　设置点光源参数

Step 02 进入 （修改）命令面板，对其进行参数设置如图7-18所示。

Step 03 在 Web Parameters 卷展栏中设置光域网文件为本书配套光盘 \Maps\Archinteriors_08_08_ies.IES，如图7-19所示。

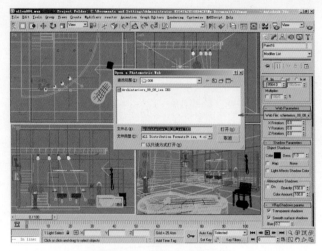

图 7-19　设置光域网文件

Step 04 对摄影机视图进行测试渲染，射灯的效果如图7-20所示。

图 7-20　射灯的渲染效果

Step 05 下面设置顶棚的筒灯。进入 ☒（创建）命令面板，单击 ☒ 下 Photometric 的 Target Point 按钮，在 Front 视图中创建出目标点光源，并在每个筒灯下方以 Instance 方式复制一个，如图 7-21 所示。

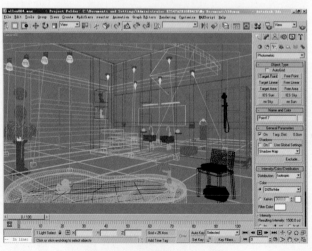

图 7-21　创建筒灯点光源

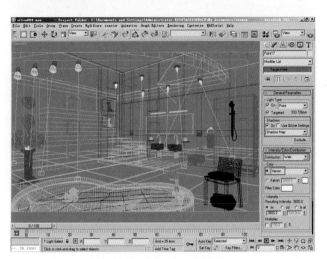

图 7-22 设置点光源参数

Step 06 进入 ✐ (修改) 命令面板，对其进行参数设置如图 7-22 所示。

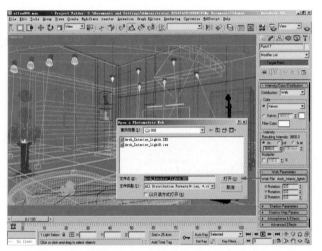

图 7-23 设置光域网文件

Step 07 在 Web Parameters 卷展栏中设置光域网文件为本书配套光盘 \Maps\Arch_Interior_lightA.IES，如图 7-23 所示。

图 7-24 筒灯的渲染效果

Step 08 对摄影机视图进行测试渲染，筒灯的效果如图 7-24 所示。

4．室内其他灯光设置

下面设置其他灯光，包括镜前灯、装饰画灯等。

Step 01 首先设置楼梯口的灯光。进入 ⌖（创建）命令面板，单击 ⚒ 下 VRay 的 VRayLight 按钮，在 Left 视图中创建出面光源，如图 7-25 所示。

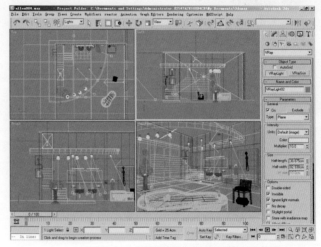

图 7-25　创建楼梯口的面光源

Step 02 进入 ⌖（修改）命令面板，对其进行参数设置如图 7-26 所示。

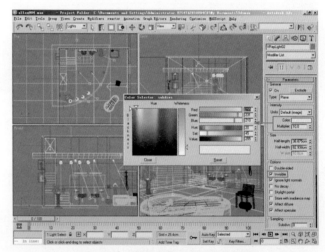

图 7-26　设置楼梯口面光源的参数

Step 03 下面制作镜前灯。进入 ⌖（创建）命令面板，单击 ⚒ 下 VRay 的 VRayLight 按钮，在镜子的灯管内部创建出面光源，如图图 7-27 所示。

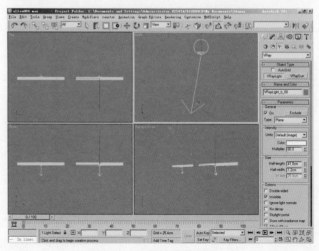

图 7-27　创建镜子前的面光源

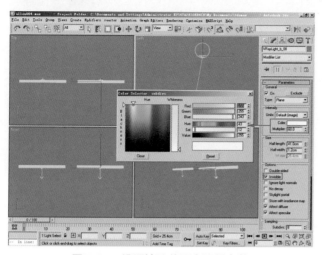

图 7-28　设置镜子前面光源的参数

[VRay渲染传奇]

Step 04　进入 （修改）命令面板，对其进行参数设置如图 7-28 所示。

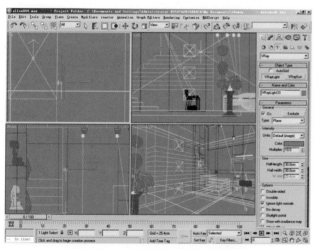

图 7-29　创建装饰画后面的面光源

Step 05　下面制作装饰画背后的面光源。进入 （创建）命令面板，单击 下VRay 的 VRayLight 按钮，在每个装饰画的后部创建出面光源，如图 7-29 所示。

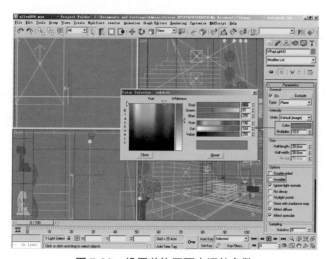

图 7-30　设置装饰画面光源的参数

Step 06　进入 （修改）命令面板，对其进行参数设置如图 7-30 所示。

Step 07 下面制作墙面装饰物洞口的面光源。进入 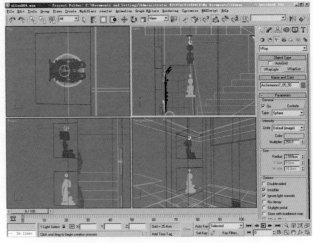（创建）命令面板，单击 下 VRay 的 VRayLight 按钮，在每个墙面装饰物洞口内部创建出圆形面光源，如图 7-31 所示。

图 7-31　创建洞口内部的圆形面光源

Step 08 进入（修改）命令面板，对其进行参数设置如图 7-32 所示。

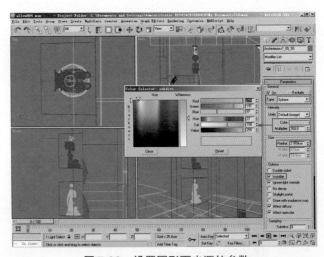

图 7-32　设置圆形面光源的参数

Step 09 场景的灯光设置完成，此时渲染场景，效果如图 7-33 所示。

图 7-33　场景的灯光渲染效果

第3节 设置场景材质

重点提示

本节介绍浴室场景中各种对象（地面、墙面、陶瓷、镜子、金属、水面等）的材质表现方法。除了前面用过的VRayMtl和VRay-LightMtl两种VRay专用材质，本例还使用了VRayBlendMtl（VRay混合）材质模拟分层材料的质感。

1．地面材质设置

Step 01 按M键打开材质编辑器，选择一个空白样本球，单击 Standard 按钮，在弹出的 Material/Map Browser 对话框中选择 VRayBlendMtl 材质，如图7-34所示。这是VRay专用的混合材质。

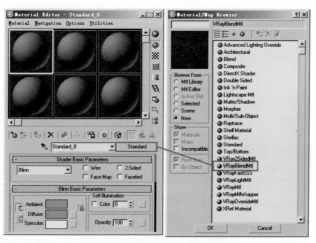

图7-34 设置VRay混合材质

Step 02 在VRay混合材质的 Parameters 卷展栏中，单击 Base material: 旁的贴图按钮，进入该材质参数面板，单击 Standard 按钮，在弹出的 Material/Map Browser 对话框中设置基本材质为 VRayMtl 材质，如图7-35所示。

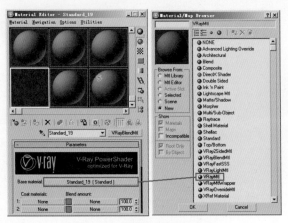

图 7-35　设置 VRayMtl 材质

Step 03 在 VRayMtl 材质参数面板中设置材质参数如图 7-36 所示。

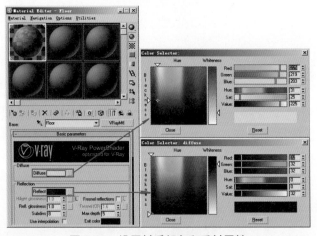

图 7-36　设置材质颜色和反射属性

Step 04 单击 Diffuse 旁的▉按钮，设置贴图为本书配套光盘 \Maps\archinterior9_06_floor.jpg
文件，如图 7-37 所示，这是一个石材的纹理贴图。

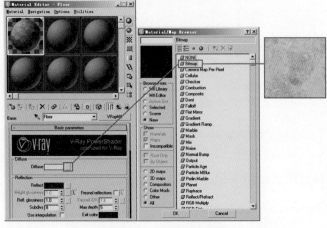

图 7-37　设置石材纹理

图 7-38 设置贴图强度

Step 05 单击 按钮回到材质编辑器上一层，在 Maps 卷展栏中设置 Diffuse 贴图通道的 Amount 为 90，如图 7-38 所示。

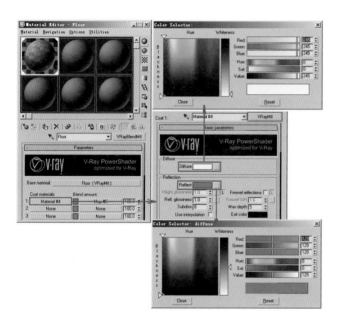

图 7-39 设置混合反射贴图

Step 06 单击 按钮回到材质编辑器上一层，设置 Coat materials: 的材质为 VRayMtl，然后在其材质参数面板中设置颜色和反射参数如图 7-39 所示。

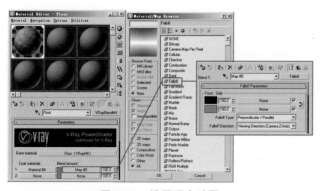

图 7-40 设置混合贴图

Step 07 单击 按钮回到材质编辑器上一层，设置 Blend amount: 的贴图为 Falloff，然后在其参数面板中设置参数如图 7-40 所示。该材质的混合方式制作完毕。

Step 08 选择地面对象，单击 ⚏ 按钮，将该材质赋予被选择对象。在 ✏ （修改）命令面板中给被选择对象添加 UVW Mapping 修改器，设置参数如图 7-41 所示。地板的最终渲染效果如图 7-42 所示。

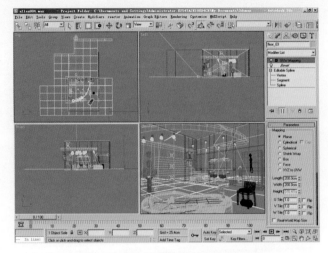

图 7-41 添加 UVW Mapping 贴图坐标

图 7-42 地板渲染效果

2．墙体材质设置

Step 01 下面制作墙体材质。按 M 键打开材质编辑器，选择一个空白样本球，单击 Standard 按钮，在弹出的 Material/Map Browser 对话框中选择 ● VRayMtl 材质。

Step 02 设置 Diffuse 的贴图为本书配套光盘 \ Maps \ archinterior9_06_wall_big.jpg 文件，如图 7-43 所示，这是一个面砖的纹理贴图。

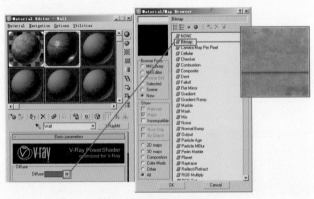

图 7-43 创建墙体材质

Step 03 单击 按钮回到材质编辑器上一层，设置反射贴图如图 7-44 所示，贴图为本书配套光盘 \Maps\archinterior9_06_wall_big_spec.jpg 文件。

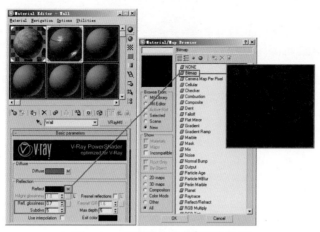

图 7-44　设置墙体反射参数和贴图

Step 04 单击 按钮回到材质编辑器上一层，进入 Maps 卷展栏，设置 Bump 贴图通道的贴图为本书配套光盘 \Maps\archinterior9_06_wall_big_bump.jpg 文件，如图 7-45 所示。

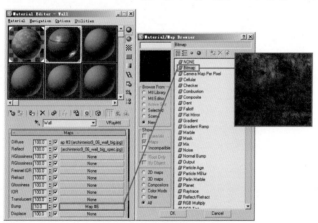

图 7-45　设置凹凸贴图

Step 05 单击 按钮将该材质指定给墙体，墙体的渲染效果如图 7-46 所示。

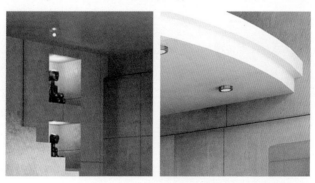

图 7-46　墙体的渲染效果

[VRay渲染传奇]

Step 06 下面制作另一个背景墙面的材质。新建一个 ●VRayMtl 材质（方法同上），单击 Diffuse 旁的 M 按钮，选择本书配套光盘 \Maps\archinteriors7_05_17.jpg 文件，如图 7-47 所示。这是另一种花色的墙砖纹理。

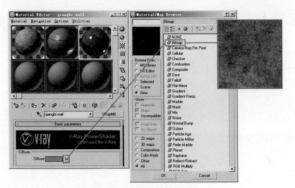

图 7-47　创建背景墙材质

Step 07 单击 按钮，回到材质编辑器的最上层。设置反射贴图如图 7-48 所示。

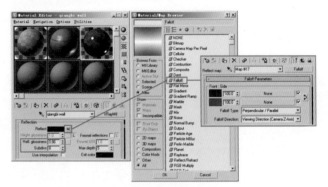

图 7-48　设置反射贴图

Step 08 选择挂装饰画的背景墙面，单击 按钮，将材质指定给该墙体。在 （修改）命令面板给对象添加 UVW Mapping 修改器，设置参数如图 7-49 所示。

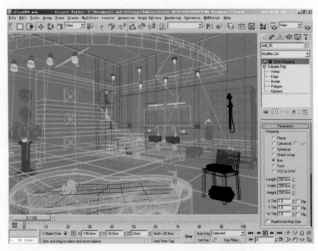

图 7-49　添加 UVW Mapping 修改器

09 墙体的渲染效果如图 7-50 所示（墙面的装饰物是场景中已经设置好的）。

图 7-50　墙体的渲染效果

3．顶棚材质设置

01 下面制作顶棚的水泥材质。按 M 键打开材质编辑器，选择一个空白样本球，单击 Standard 按钮，在弹出的 **Material/Map Browser** 对话框中选择 ● VRayMtl 材质。

02 设置地板材质的 Diffuse 贴图为本书配套光盘 \Maps\archinterior9_06_wall.jpg 文件，如图 7-51 所示。这是一个水泥纹理贴图。

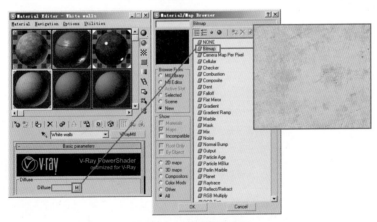

图 7-51　设置水泥贴图

03 单击 按钮回到材质编辑器的最上层，设置该材质的反射属性如图 7-52 所示。

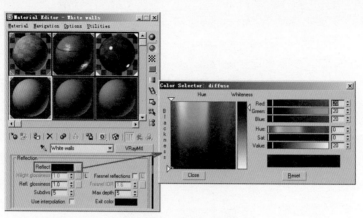

图 7-52 设置反射属性

Step 04 选择顶棚对象，单击 🔳 按钮，为其指定材质。在 ✏ （修改）命令面板中为被选择对象添加 UVW Mapping 修改器，设置参数如图 7-53 所示。

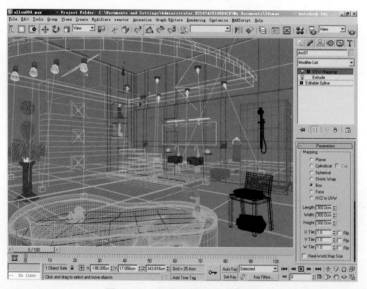

图 7-53 设置顶棚的贴图坐标

[提示] UVW Mapping 修改器控制在对象曲面上如何显示贴图材质和程序材质。共有 7 种贴图坐标可供选择，分别为平面、柱形、球形、收缩包裹、长方体、面和 XYZ 到 UVW。

4．射灯和筒灯的金属材质设置

Step 01 下面创建射灯和筒灯的金属材质。按 M 键打开材质编辑器，选择一个空白样本球，单击 Standard 按钮，在弹出的 **Material/Map Browser** 对话框中选择 ● VRayMtl 材质。

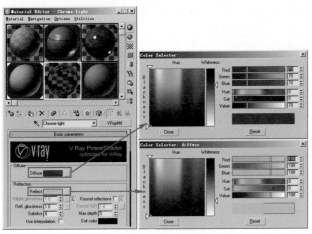

图 7-54　设置射灯和筒灯的金属材质

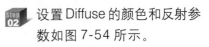
设置Diffuse的颜色和反射参数如图7-54所示。

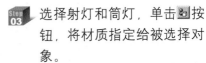
选择射灯和筒灯，单击 按钮，将材质指定给被选择对象。

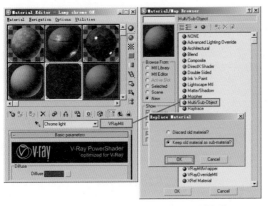

图 7-55　选择 Multi/Sub-Object 材质

下面设置灯头发光片材质。单击金属材质的 **VRayMtl** 按钮，在弹出的对话框中选择 **Multi/Sub-Object** 材质，如图7-55所示。

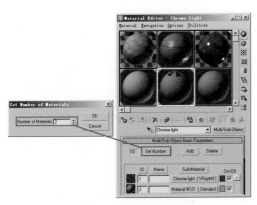

图 7-56　设置材质数量

设置材质数量为2，如图7-56所示。

Step 06 设置2号材质为 **VRayLightMtl** 材质，参数如图7-57所示。

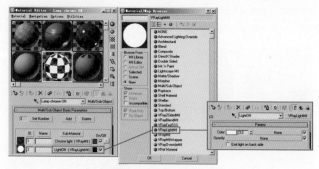

图7-57　设置发光材质

Step 07 将该材质赋予灯头对象，设置灯头内部的面片材质为2号材质，如图7-58所示。

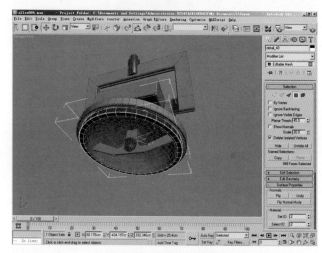

图7-58　设置2号材质

Step 08 渲染场景，顶棚射灯和筒灯的效果如图7-59所示。

图7-59　顶棚射灯和筒灯的效果

5．卫生洁具材质设置

Step 01 下面制作卫生洁具的陶瓷材质。在材质编辑器中，选择一个空白样本球，单击 Standard 按钮，在弹出的 **Material/Map Browser** 对话框中选择 ● VRayMtl 材质。

Step 02 设置材质的 Diffuse 颜色和反射参数如图 7-60 所示。

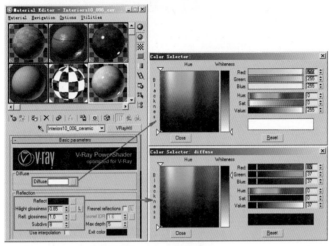

图 7-60　陶瓷材质

Step 03 将该材质赋予浴缸和洁具对象。

Step 04 下面设置浴缸的中水材质。选择一个空白样本球，单击 Standard 按钮，在弹出的 **Material/Map Browser** 对话框中选择 ● VRayMtl 材质。设置材质的 Diffuse 颜色和反射参数如图 7-61 所示。

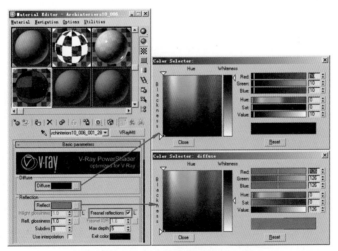

图 7-61　设置水的颜色和反射参数

Step 05 设置水的折射参数如图 7-62 所示。

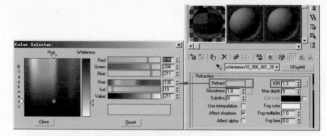

图 7-62 设置水的折射参数

Step 06 下面设置水面波纹贴图。单击 ![按钮] 按钮回到材质编辑器上一层，打开 Maps 卷展栏，设置 Bump 贴图通道的贴图为 Mix（混合）贴图，如图 7-63 所示。

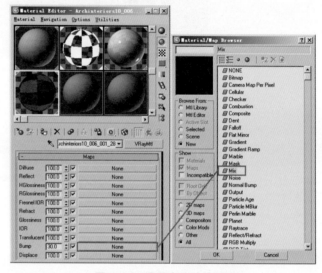

图 7-63 设置水面波纹贴图

Step 07 设置混合噪波贴图如图 7-64 所示，以产生不规则的水波效果。

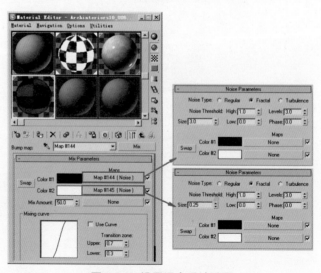

图 7-64 设置混合噪波贴图

Step 08 选择场景中的水，单击■按钮，将材质指定给对象。

浴缸的金属材质可以通过灯头的金属材质变化得到，这里不再赘述。陶瓷洁具的渲染效果如图 7-65 所示。

图 7-65　洁具渲染效果

6．镜子和装饰画材质设置

Step 01 首先制作镜子的材质。在材质编辑器中，选择一个空白样本球，单击 Standard 按钮，在弹出的 Material/Map Browser 对话框中选择 VRayMtl 材质。

Step 02 设置材质的 Diffuse 颜色和反射参数，如图 7-66 所示。Refl. glossiness 设为 1 以下的数值时会产生模糊反射效果，此时会严重影响渲染速度，所以要慎用。

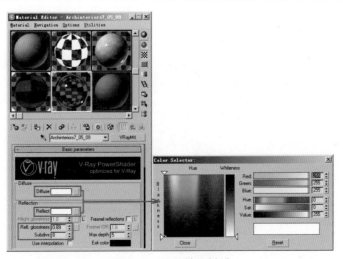

图 7-66　设置镜子材质

Step 03 单击 ⬚ 按钮，将材质赋予镜子对象。镜子的渲染效果如图 7-67 所示。

图 7-67　镜子的渲染效果

Step 04 接下来制作装饰画材质。在材质编辑器中，选择一个空白样本球，单击 Standard 按钮，在弹出的 **Material/Map Browser** 对话框中选择 ⬤ VRayMtl 材质。

Step 05 设置材质的 Diffuse 颜色和反射参数，如图 7-68 所示。这是黑色边框材质。

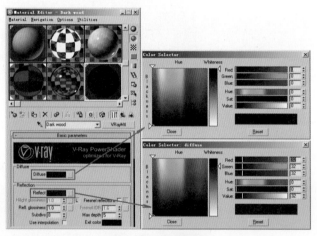

图 7-68　画框材质

Step 06 单击金属材质的 VRayMtl 按钮，在弹出的对话框中选择 ⬤ Multi/Sub-Object 材质，如图 7-69 所示。

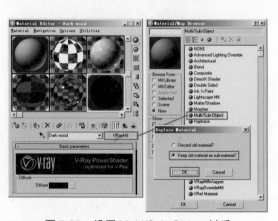

图 7-69　设置 Multi/Sub-Object 材质

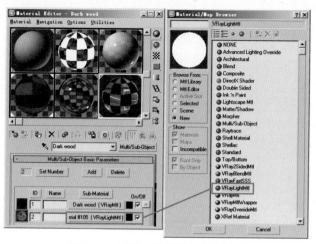

图 7-70　设置 2 号材质为发光材质

[VRay渲染传奇]

用刚才设置灯头的方法，设置材质数量为2。设置2号材质为 ⚫VRayLightMtl 材质，如图 7-70 所示。

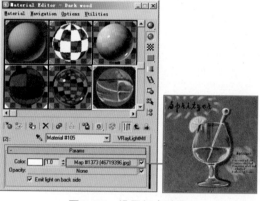

图 7-71　设置灯光贴图

在 ⚫VRayLightMtl 材质参数面板单击贴图按钮，按照个人喜好选择一幅贴图文件（或使用本书配套光盘\Maps\4619396.jpg 文件），如图 7-71 所示。

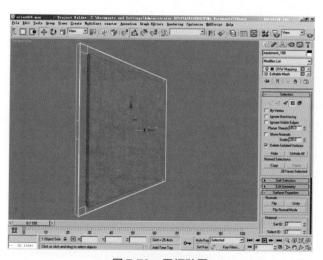

图 7-72　画框贴图

单击 ⚫ 按钮，将材质指定给装饰画。在 ⚫（修改）命令面板中设置画框内部的面片材质为 2 号材质，并给选择的面片添加 UVW Mapping 修改器，如图 7-72 所示。

<table>
<tr><td>Step
10</td></tr>
</table>

依次为其他装饰画框设置不同的贴图。装饰画框的渲染效果如图7-73所示。

图7-73　装饰画框效果

第4节　最终成品渲染

重点提示

　　本章介绍使用发光贴图和灯光贴图渲染引擎对浴室进行渲染的方法。使用保存好的发光贴图和灯光贴图文件，可以有效地节省渲染时间。这一方法也是制作此类效果图时通用的技巧。

1．全局渲染设置

按F10键打开Render Scene对话框，进入 Renderer 选项卡。

在 V-Ray:: Global switches 卷展栏中，取消 Override mtl: 复选框的勾选，如图7-74所示。

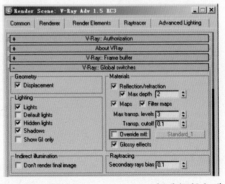

图7-74　取消 Override mtl：复选框的勾选

2．渲染级别设置

Step 01 打开 `V-Ray:: Irradiance map` 卷展栏，在 `Built-in presets` 选项组中设置发光贴图采样级别为 High，如图 7-75 所示。

Step 02 在 `Detail enhancement`（细节增强）选项组中设置参数如图 7-76 所示，这样可以让图像产生大量的细节，但渲染速度会比较慢。

图 7-75 设置发光贴图采样级别

图 7-76 细节设置

3．保存发光贴图和灯光贴图

Step 01 在 `V-Ray:: Irradiance map` 卷展栏的 `Mode:` 选项组中选择 Single frame 模式，勾选 `Auto save` 复选框和 `Switch to saved map` 复选框，单击 `Auto save` 后面的 `Browse` 按钮，在弹出的 `Auto save irradiance map` 对话框中输入要保存的 vrmap 文件名并选择保存路径，如图 7-77 所示。

Step 02 打开 `V-Ray:: Light cache` 卷展栏，设置参数如图 7-78 所示。

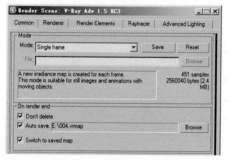

图 7-77 自动保存发光贴图

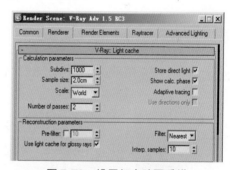

图 7-78 设置灯光贴图采样

Step 03 使用类似的方法保存灯光贴图，如图 7-79 所示。

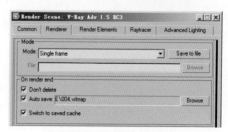

图 7-79 保存灯光贴图

Step 04　在 Common 选项卡中设置较小的渲染尺寸进行渲染。

Step 05　由于勾选了 Switch to saved map 复选框，所以在渲染结束后，Mode 选项组中的选项将自动切换到 From file。再次进行渲染时，VRay 渲染器将直接调用 From file 选项下方 File 文本框中指定的发光贴图文件，这样可以节省大量渲染时间。

Step 06　使用较大的渲染尺寸进行渲染，最终的渲染效果如图 7-80 所示。局部效果如图 7-81 所示。最终场景模型可参考本书配套光盘 \Scenes\allen004_ 最终.max 文件。

图 7-80　最终渲染完成的整体效果

图 7-81　最终渲染完成的局部画面效果

　　本实例涉及到多种光源的设置方法，由于室内效果图中常见的灯具类型众多，相应的灯光表现方法值得读者用心学习体会。通过以上 4 个实例的学习，相信读者对 VRay 渲染器的相关知识与技巧已经掌握了。只要在实际工作中勤于思考和练习，多总结经验与教训，就不难制作出优秀的作品。

第 3 部分 Lightscape 渲染传奇

Lightscape VRay finalRender

Lightscape 是 3ds Max 的第一个全局光照渲染器，从 1999 年开始就已经盛行一时，通常情况下只用于室内效果图的制作。本部分通过厨房、会议室和客厅 3 个不同功能区域的场景实例，全面介绍了 Lightscape 渲染器的使用方法。在材质设置方面采用了多种表现技巧，有在 3ds Max 中直接设置材质然后到渲染器中渲染的方法，也有在 3ds Max 中建模后导入 Lightscape 中进行材质设置的方法，其目的都是准确表现建筑材料的质感，更好地传达设计师的设计意图。灯光渲染方面读者将学习到快速设置渲染器参数的方法，以及自然天空光、筒灯、灯槽、射灯等室内布光的技巧。

III

Lightscape VRay finalRender

第 8 章　现代厨房
Lightscape 的使用流程及太阳光参数的设置

第 9 章　公司会议室
Lightscape 中不同种类灯光的调制方法

第 10 章　欧式客厅
封闭场景中室内灯光的光能传递调节方法

技术提示：
渲染永远是品质与速度的对决，
而对于渲染器来说，所谓的速度
既包括渲染器算法的合理性，也
包括渲染器交互界面与参数设置
的合理性与易用性。
Lightscape 渲染器的设置完全基
于真实世界的实际参数，用户使
用时直观、方便的特性使其拥有
了巨大的客户群，也是国内应用
最广泛的渲染器。

第8章 现代厨房

08

Lightscape VRay finalRender

本章使用高级光能传递渲染器——Lightscape 来渲染一张具有现代风格的厨房效果图。该厨房的装修效果体现了主人追求时尚的风格。通过学习太阳光参数的设置，读者应能逐渐掌握使用 Lightscape 渲染器渲染日光场景的方法。

第1节 | 在3ds Max中设置材质

重点提示

在使用Lightscape调节场景材质之前，首要要在3ds Max中设置基本材质。本实例需要表现的材质有地面、墙面、天花板、玻璃、不锈钢等。

Step 01 在3ds Max 9中打开本书配套光盘\Scenes\厨房.max文件，如图8-1所示。

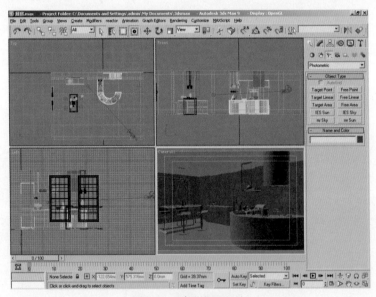

图8-1 打开模型文件

Step 02 在视图中选择地面，进入 ![修改] （修改）命令面板，在修改器堆栈中选择 UVW Map（UVW 贴图）修改器，然后在 Parameters （参数）卷展栏中设置贴图轴参数，如图8-2所示。在主工具栏中单击 ![按钮] 按钮，打开材质编辑器，选择第一个材质球，使用 Multi/Sub-Object（多维 / 子对象）材质，设置如图8-3所示。将材质赋予地面对象。

图 8-2　设置贴图轴

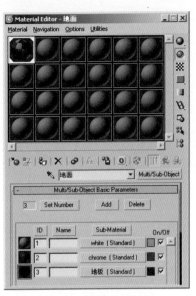

图 8-3　设置地面材质

在视图中选择墙面，进入 （修改）命令面板，在修改器堆栈中选择 UVW Map 修改器，然后在 Parameters 卷展栏中设置贴图轴参数，如图 8-4 所示。同样为墙面赋予一个 Multi/Sub-Object 材质，设置如图 8-5 所示。

图 8-4　设置贴图轴

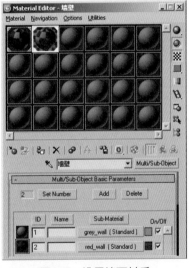

图 8-5　设置墙面材质

在视图中选择天花板，为其赋予一个 Standard 材质，参数设置如图 8-6 所示。

在视图中选择窗户玻璃，打开材质编辑器，选择一个材质球，调整 Standard 材质的颜色与透明度，单击材质编辑器工具栏中的 按钮，将材质赋予对象，参数设置如图 8-7 所示。

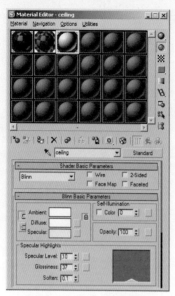

图 8-6 设置天花板材质

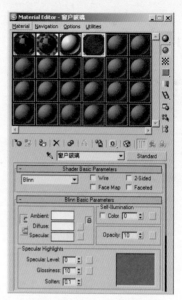

图 8-7 设置窗户玻璃材质

06 在视图中选择厨台，调整材质的颜色，单击 按钮将材质赋予对象，参数设置如图 8-8 所示。

07 在视图中选择厨台台面，设置材质的颜色，将材质赋予对象，参数如图 8-9 所示。

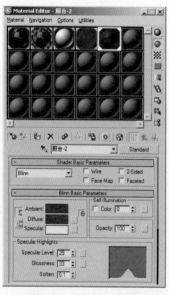

图 8-8 设置厨台材质

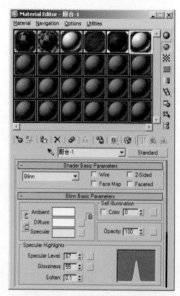

图 8-9 设置厨台台面材质

08 在视图中选择厨台上的不锈钢物品，设置材质，将材质赋予对象，参数如图 8-10 所示。

Step 09 在视图中选择柜子，设置材质如图 8-11 所示。将材质赋予对象。

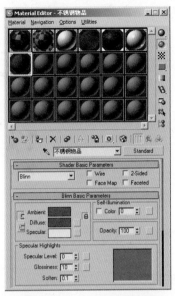

图 8-10　设置不锈钢材质

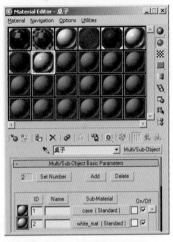

图 8-11　设置柜子材质

Step 10 在视图中选择盘子，设置材质如图 8-12 所示。将材质赋予对象。

Step 11 在视图中选择玻璃物品，设置材质如图 8-13 所示。将材质赋予对象。

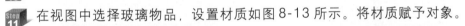

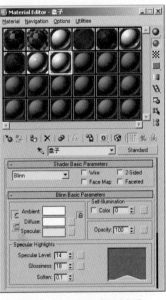

图 8-12　设置瓷器材质

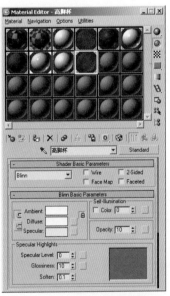

图 8-13　设置玻璃物品材质

Step 12 在视图中选择煤气灶，设置材质如图 8-14 所示。将材质赋予对象。

Step 13 在视图中选择灯片，设置材质如图 8-15 所示，注意调整自发光数值，将材质赋予对象。

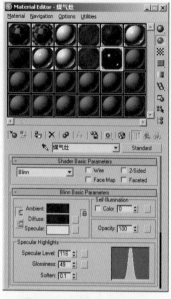

图 8-14 设置煤气灶材质

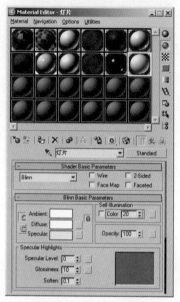

图 8-15 设置灯片材质

[注意] 由于本场景的材质比较简单，使用贴图的对象较少，在这里并没有详细介绍材质的设置方法。如果以后需要调整材质，可以在 Lightscape 里面进行，还可以指定贴图。

将场景保存，结束材质部分的练习。

第2节 在 3ds Max 中设置灯光

重点提示

本节介绍怎样在场景中设置灯光，以及如何对场景的灯光参数进行调整。为了充分发挥 Lightscape 光能传递的特性，场景的主光源需设置为光度学灯光类型。

![Step 01] 在 3ds Max 9 中打开赋好材质的场景模型，如图 8-16 所示。

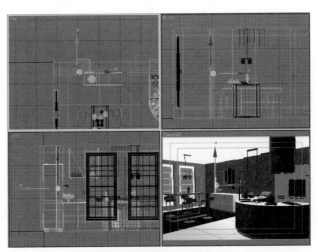

图 8-16　赋好材质的场景模型

![Step 02] 进入 （创建）命令面板，单击 （灯光）图标，在灯光下拉列表中选择 Photometric（光度学）选项，单击 Free Area （自由面光源）按钮，创建光源，参数设置如图 8-17 所示。

![Step 03] 调整光源所在的位置，单击主工具栏中的 按钮，沿纵向和横向缩放灯光的长宽比例，如图 8-18 所示。

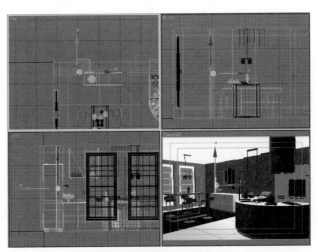

图 8-17　设置灯光参数　　　　　　　图 8-18　调整灯光的位置

![Step 04] 按住键盘上的 Shift 键拖动复制灯光，或者单击主工具栏中的 按钮，对灯光进行镜像复制，如图 8-19 所示。

Step 05 进入 (创建) 命令面板,单击 图标,在灯光下拉列表中选择 Standard (标准) 选项,单击 Free Spot (自由聚光灯) 按钮,创建光源,参数设置如图 8-20 所示。

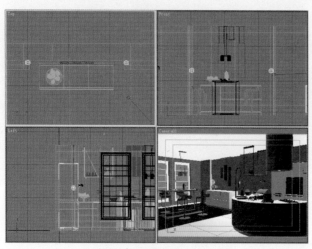

图 8-19　镜像后的灯光位置　　　　　　　　图 8-20　设置灯光参数

Step 06 在主工具栏中单击 按钮,调整光源的位置,然后 Instance (实例) 复制出一个光源,并调整其所在的位置,如图 8-21 所示。

Step 07 在视图中创建一盏 Target Spot (目标聚光灯),参数设置如图 8-22 所示。

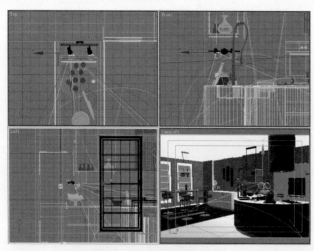

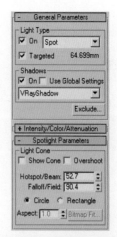

图 8-21　调整灯光的位置　　　　　　　　　图 8-22　设置灯光参数

Step 08 调整光源的位置,如图 8-23 所示。至此灯光已添加完毕了。

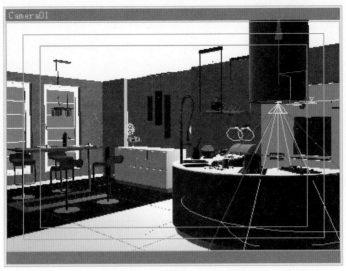

图 8-23　调整后的灯光位置

第 3 节　模型的输出与输入

重点提示

在 3ds Max 中制作的场景文件，需要导出为专用的文件格式（*.Lp)，才能在 Lightscape 中进行制作。本节介绍怎样将 *.MAX 文件输出成 *.LP 文件，以及怎样在 Lightscape 软件中打开场景文件。

Step 01 继续在刚才的场景中操作，或打开本书配套光盘 \Scenes\ 厨房_最终.max 文件。

Step 02 单击菜单栏中的 File（文件）> Export（导出）命令，弹出 **Select File to Export**（选择要导出的文件）对话框，如图 8-24 所示。

Step 03 在"保存类型"下拉列表框中选择 Lightscape Preparation（*.LP)，然后在"文件名"文本框中输入"厨房"，并设置好保存路径。

Step 04 单击"保存"按钮，弹出 **Export Lightscape Preparation File**（导出 Lightscape 准备文件）对话框，如图 8-25 所示，准备输出文件。

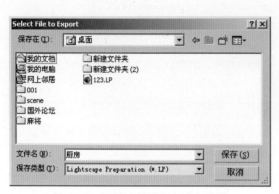

图 8-24　设置文件输出名称与路径

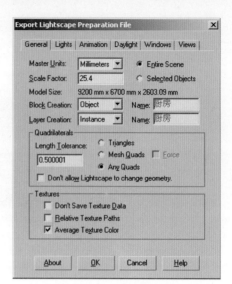

图 8-25　设置输出参数

[注意] 对话框的内容是可变的，如果场景中没有摄影机，将不会出现 Views 选项卡，就无法输出视图文件。很多参数都可以直接输出，如 Animation（动画）、Daylight（日光），并可直接在 Windows（窗口）选项卡中设置窗口和洞口。在 Lights（灯光）选项卡中可设置光源的转换选项，但通常光源还要在 Lightscape 中进行调整。

Step 05 在 General（常规）选项卡中设置参数。着重要注意下面几个参数：Master Units（主单位）、Scale Factor（比例因子）、Block Creation（块创建）、Layer Creation（创建层）及 Model Size（模型大小）。在本实例中最需要注意的是单位和模型大小，其他参数可不用改变。

[注意] 当模型的尺寸与软件设置的尺寸不同时，需要在 Scale Factor [1] 的数值框中改变模型的比例因子，一般设置为 25.4。

Step 06 在 **Export Lightscape Preparation File** 对话框中进入 Views 选项卡，如图 8-26 所示。

Step 07 在 Views 列表框中选择 Camera01，然后单击 OK 按钮，在弹出的提示对话框中单击"确定"按钮，输出文件。

Step 08 启动 Lightscape 软件，在工具栏中单击 按钮，在弹出的对话框中选择"厨房.LP"文件，单击"打开"按钮，完成模型的输入，如图 8-27 所示。

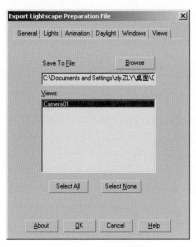

图 8-26　视图设置

图 8-27　打开场景文件

[注意]
如果没有在模型输出的时候设置比例因子参数，则可以在 **打开** 对话框的"比例"数值框中，设置模型的比例。

Step 09　单击菜单栏中的"视图>打开"命令，弹出 **打开** 对话框，如图 8-28 所示。选择 Camera01.vw 文件，单击"打开"按钮，完成摄影机的载入，如图 8-29 所示。

图 8-28　载入摄影机文件

图 8-29　载入摄影机后的场景文件

[Lightscape 渲染传奇]

第4节　材质的设置

重点提示

　　Lightscape 提供了多种材质模板，可以快捷地调制出各种常见的材质，材质属性的设置是通过 4 个选项卡来控制的。本节介绍 Lightscape 中场景材质的调节，以及材质模板的使用方法。

　　以下为本实例材质参考设置值。由于场景和光源不同，材质也会发生变化，所以参数值并不是固定不变的，希望读者灵活运用。

Step 01　单击工具栏中的 🔘 按钮，在弹出的材质面板中双击"桌子框"，在弹出的**材质 属性**对话框中设置参数，如图 8-30 所示。

图 8-30　桌子框材质参数

Step 02　继续在材质面板中双击"桌子玻璃"，在弹出的**材质 属性**对话框中设置参数，如图 8-31 所示。

图 8-31　桌子玻璃材质参数

Step 03　使用同样的方法调整其他材质的参数，这里不再赘述操作过程，装饰板 1 材质参数如图 8-32 所示。

图 8-32　装饰板 1 材质参数

椅子 -2 材质参数如图 8-33 所示。

图 8-33　椅子 -2 材质参数

椅子 -1 材质参数如图 8-34 所示。

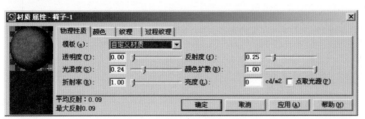

图 8-34　椅子 -1 材质参数

苹果材质参数如图 8-35 所示。

图 8-35　苹果材质参数

盘子 1 材质参数如图 8-36 所示。

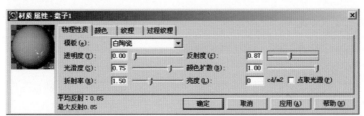

图 8-36　盘子 1 材质参数

煤气灶材质参数如图 8-37 所示。

图 8-37　煤气灶材质参数

地板材质参数如图 8-38 所示。

图 8-38　地板材质参数

窗户框材质参数如图 8-39 所示。

图 8-39　窗户框材质参数

窗户玻璃材质参数如图 8-40 所示。

图 8-40　窗户玻璃材质参数

厨台 -2 材质参数如图 8-41 所示。

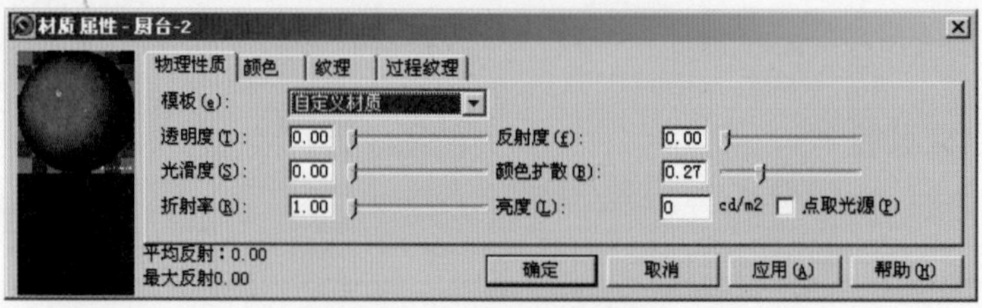

图 8-41　厨台 -2 材质参数

厨台台面材质参数如图 8-42 所示。

图 8-42　厨台台面材质参数

餐巾材质参数如图 8-43 所示。

图 8-43　餐巾材质参数

不锈钢物品材质参数如图 8-44 所示。

图 8-44　不锈钢物品材质参数

保温壶材质参数如图 8-45 所示。

图 8-45　保温壶材质参数

[提示]

为避免渲染的图中墙面发灰，需要把墙面的材质全部调成纯白色，并且把光滑度和折射率都调为 0.1。以上材质的调节只是场景材质调节的一部分，其他材质的调法也很简单，这里不再赘述。

第5节　光线的设置

重点提示

　　Lightscape 的光能传递渲染能够生成场景中漫射光线的真实模拟，产生微妙柔和的阴影。本节介绍在 Lightscape 中怎样设置太阳光的参数，以及室内灯光的参数。

Step 01　在工具栏中单击█按钮，选择窗户玻璃，单击右键，在弹出的快捷菜单中单击"表面处理"命令，弹出 **表面处理** 对话框，设置参数如图8-46所示。

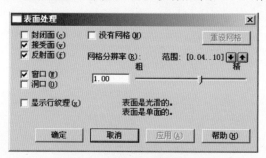

图8-46　设置阳光照射入口

Step 02　单击菜单栏中的"光照>日光"命令，弹出 **日光设置** 对话框，设置日光照射参数如图8-47至图8-49所示。

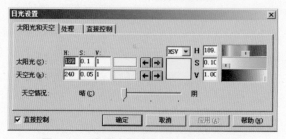

图8-47　设置太阳光和天空光颜色参数

图 8-48　设置太阳光和天空光处理参数　　　图 8-49　设置太阳光照射角度和强度

Step 03 在工具栏中单击 按钮，打开光源面板，如图 8-50 所示。双击灯光名称，即会弹出"光源 属性"对话框。

图 8-50　光源面板

Step 04 双击 FArea01，弹出**光源 属性**对话框，设置参数如图 8-51 所示。

图 8-51　FArea01 参数设置

Step 05 双击 Spot01，弹出**光源 属性**对话框，设置参数如图 8-52 所示。

图 8-52　Spot01 参数设置

Step 06 双击 Spot02，弹出**光源 属性**对话框，设置参数如图 8-53 所示。

图 8-53　Spot02 参数设置

第6节　初次渲染的设置

重点提示

　　本节介绍怎样防止场景中出现光斑、漏光现象，以及初次渲染的设置。需要指出的是，Lightscape渲染时出现的漏光现象很多时候是根源于模型对齐精度不够（不对齐、有重叠），这就要求用于Lightscape的模型尽量规范。

Step 01 在工具栏中单击 和 按钮，然后单击 按钮，选择全部对象的表面，如图8-54所示。单击右键，在弹出的快捷菜单中单击"表面处理"命令，对对象的表面进行细分，参数设置如图8-55所示。

图8-54　选择全部对象表面

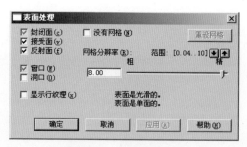

图8-55　表面处理参数

Step 02 对于面积和受光面积较大的对象（如：墙面、地面、窗户玻璃等），需要单独进行表面细分，如图8-56所示。

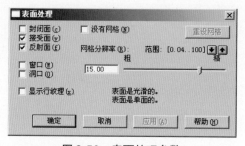

图8-56　表面处理参数

Step 03 单击菜单栏中的"处理>参数"命令，在弹出的 **处理参数** 对话框中设置参数，如图 8-57 所示。然后单击"向导"按钮，弹出 **质量** 对话框，设置参数如图 8-58 所示。单击"下一步"按钮，弹出 **日光** 对话框，设置参数如图 8-59 所示。单击"下一步"按钮，弹出 **完成向导** 对话框，单击"完成"按钮，如图 8-60 所示。返回到 **处理参数** 对话框，单击"确定"按钮。

图 8-57 "处理参数"对话框

图 8-58 "质量"对话框

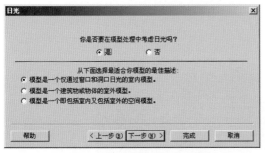

图 8-59 "日光"对话框

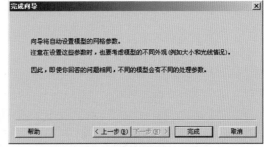

图 8-60 "完成向导"对话框

Step 04 在工具栏中单击 按钮，在弹出的提示对话框中单击"是"按钮，将模型初始化为解决模型。

Step 05 在工具栏中单击以下按钮 （双倍缓存、背面消隐、开启混合、开启反锯齿），这样有利于渲染出高质量的图像。

Step 06 在工具栏中单击 按钮，计算到80%时，单击工具栏中的 按钮（或者按键盘上的 Shift+Esc 键强行中止光能传递计算）停止光能传递计算，观察一下初步效果，看整体的光照水平是否合适。光能传递的进程及完成后的效果如图8-61至图8-65所示。

图 8-61　光能传递进度 1

图 8-62　光能传递进度 2

图 8-63　光能传递进度 3

图 8-64　光能传递进度 4

图 8-65　光能传递后的场景文件

Step 07　单击工具栏中的 🔲 按钮，用光标在场景中拖曳出区域，查看对象的光影追踪和材质效果，如图 8-66 和图 8-67 所示。 如有感觉不满意的材质，可继续在材质面板中调节材质的参数。

图 8-66　光影追踪和材质效果

图 8-67　光影追踪和材质效果

Step 08　单击菜单栏中的"文件＞属性"命令，弹出 **文件属性** 对话框，调整文件的亮度、对比度及颜色参数，如图 8-68 和图 8-69 所示。

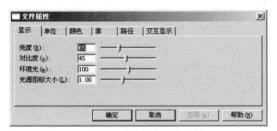

图 8-68　文件显示属性设置

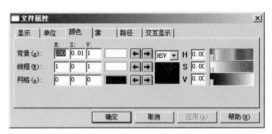

图 8-69　文件颜色属性设置

第 7 节　渲染结果的输出

重点提示

　　在光能传递计算完成之后，就可以渲染出图了。本节介绍如何设置场景文件渲染出图的参数，以及常用的文件输出格式和尺寸。

Step 01 单击菜单栏中的"文件>渲染"命令，弹出 **渲染** 对话框，参数设置如图8-70所示。

图8-70 渲染属性设置

Step 02 在"输出文件"选项组中单击"浏览"按钮，弹出 **图象文件名** 对话框，在"文件名"文本框中输入"厨房"后单击"打开"按钮，如图8-71所示。

图8-71 文件名称与存储路径位置

Step 03 单击"确定"按钮完成图像输出的设置，如图8-72所示。渲染过程如图8-73所示。

图8-72 完成渲染属性设置

图8-73 场景渲染过程

第8节　图像的后期处理

重点提示

　　效果图的后期处理是效果图制作的最后一道工序，作用非常重要。本节介绍如何在 Photoshop 中使用各种工具来处理图像，使效果图看起来更加逼真、自然。

Step 01 在 Photoshop 中打开 Lightscape 渲染后的最终文件"厨房.tga"，如图 8-74 所示。

图 8-74　打开文件

Step 02 在图层面板中右键单击"背景"图层，在弹出的快捷菜单中单击"复制图层"命令，创建新的图层"图层 1"，或者使用快捷键 Ctrl＋J 复制出新的图层，如图 8-75 所示。

图 8-75　复制新图层

Step 03　单击菜单栏中的"文件＞存储为"命令，将文件另存为"厨房.psd"，如图 8-76
所示。

图 8-76　另存文件

Step 04　使用工具箱中的 工具，选择出窗户玻璃选区，按键盘上的 Delete 键将所选区域删
除，如图 8-77 所示。

图 8-77　选择并删除窗户玻璃

![step05] 打开本书配套光盘 \Maps\40029642.jpg 文件, 如图 8-78 所示。按键盘上的 Ctrl+A 键, 全选整幅图像, 复制到 "厨房.psd" 文件中, 将它放在 "图层 1" 下一层, 并调整好其所在位置, 如图 8-79 所示。

图 8-78　打开素材文件

图 8-79　调整文件的大小及其位置

![step06] 使用快捷键 Ctrl+E, 将所有图层合并。在图层面板中右键单击 "背景" 图层, 在弹出的快捷菜单中单击 "复制图层" 命令, 复制新的图层 "图层 1", 或者使用快捷键 Ctrl+J 复制出新的图层, 如图 8-80 所示。

图 8-80　合并图层并复制新图层

[Lightscape渲染传奇]

Step 07 为了突出厨房干净整洁的氛围，需要对它的色彩进行处理。按 Ctrl+A 键选择整个图层，单击菜单栏中的"图像>调整>色彩平衡"命令，在弹出的**色彩平衡**对话框中设置色彩平衡参数，如图 8-81 所示。调整后的效果如图8-82所示。

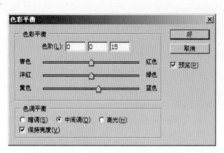

图 8-81 色彩平衡参数设置

图 8-82 调整后的效果

Step 08 单击菜单栏中的"图像>调整>暗调/高光"命令，在弹出的**暗调/高光**对话框中设置暗调与高光参数，如图 8-83 所示。调整后的效果如图8-84所示。

图 8-83 暗调与高光参数设置

图 8-84 调整后的效果

本实例重点体现了 Lightscape 的正确使用流程。在实际工作中遇到的材质类型非常多，如本例中介绍的不锈钢材质有两种，分别是镜面反射和磨砂反射。希望读者根据本例介绍的几种材质设置方法举一反三，学习时注意多思考，这里仅起到抛砖引玉的作用。本例完成后，可以在本书配套光盘\光传文件\第 8 章\目录下找到相应的输出文件进行对比。

第9章　公司会议室

Lightscape VRay finalRender

本章实例通过 Lightscape 渲染器绝佳的光能传递特性，将一个充满灯光与反射效果的会议室场景淋漓尽致地表现出来，该会议室的装修效果体现了公司追求卓越的品格。本例也是学习了 Lightscape 渲染器使用流程之后的一次综合演练。

第1节　在3ds Max中设置材质

重点提示

　　本实例涉及的材质种类较多,在3ds Max中制作时注意应进行正确的命名,以免在Lightscape中调节时产生不便。

Step 01　在3ds Max 9中打开本书配套光盘 \Scenes\ 会议室.max 文件,如图9-1所示。

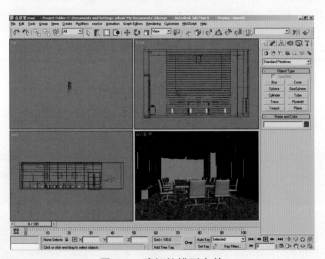

图9-1　建好的模型文件

Step 02　在视图中选择地面,进入 ▦(修改)命令面板,在修改器堆栈中选择 UVW Mapping 修改器,然后在 Parameters 卷展栏中设置贴图轴参数,如图9-2所示。在主工具栏中单击 ▦ 按钮,打开材质编辑器,选择第一个材质球,在 Blinn Basic Parameters 卷展栏中单击 Diffuse 右侧的空白按钮,在弹出的 Material/Map Browser 对话框中选择 ▣ Bitmap (位图)贴图,在弹出的 Select Bitmap Image File 对话框中选择本书配套光盘 \Maps\ 微金石.jpg,然后调整贴图的位置,单击材质编辑器工具栏中的 ▣ 按钮和 ▣ 按钮,将材质和贴图赋予地面对象,如图9-3所示。

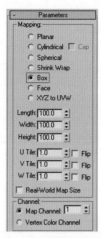

图9-2　贴图轴参数

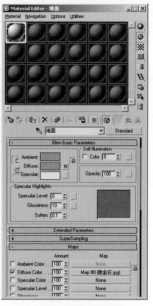

图9-3　材质参数

[提示] 在将模型选中的状态下，按 M 键可将材质编辑器调出。Bitmap 是一种简单的贴图类型，可将任意一张图片直接贴在模型表面，但在场景模型中不建议直接使用，它通常是作为复合（Composite）贴图下面的附属贴图使用的。

 Step 03　在视图中选择地面上的分割线，在材质编辑器中选择第 2 个材质球，设置颜色后将材质赋予对象，如图9-4 所示。

Step 04　在视图中选择房屋顶部的灯片，打开材质编辑器，选择一个空白材质球，单击 **Blinn Basic Parameters** 卷展栏中 Diffuse 的颜色框，在弹出的 **Color Selector: Diffuse Color** 对话框中设置颜色，并调整它的自发光参数，然后将材质赋予对象，如图9-5 所示。

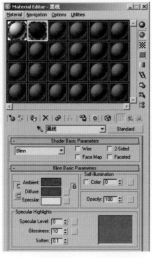

图9-4　设置地面上分割线的材质

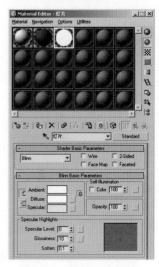

图9-5　设置灯片材质

[Lightscape渲染传奇]

Step 05 在视图中选择桌子，进入 ✏️（修改）命令面板，为其添加 UVW Mapping 修改器，然后在 Parameters 卷展栏中设置贴图轴参数，如图 9-6 所示。在主工具栏中单击 ▓ 按钮，打开材质编辑器，选择一个空白材质球，在 Blinn Basic Parameters 卷展栏中单击 Diffuse 右侧的空白按钮，在弹出的 Material/Map Browser 对话框中选择 Bitmap 贴图，在弹出的 Select Bitmap Image File 对话框中选择本书配套光盘 \Maps\ 白色木 -1.tif，调整贴图的位置后将材质和贴图赋予对象，如图 9-7 所示。

图 9-6　设置桌子贴图轴

图 9-7　设置桌子材质

Step 06 在视图中选择椅子，为其添加 UVW Mapping 修改器，然后在 Parameters 卷展栏中设置贴图轴参数，如图 9-8 所示。使用与前面步骤中相同的方法设置其材质，如图 9-9 所示（贴图为本书配套光盘 \Maps\ 沙发布 -2.jpg）。

图 9-8　设置椅子贴图轴

图 9-9　设置椅子材质

Step 07 在视图中选择椅子下面的不锈钢支架，打开材质编辑器，选择一个空白材质球，设置其材质如图 9-10 所示。

Step 08 在视图中选择窗户玻璃，打开材质编辑器，选择一个空白材质球，设置其材质如图 9-11 所示。

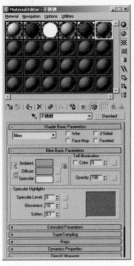

图 9-10　设置不锈钢材质

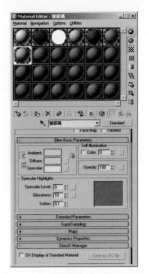

图 9-11　设置窗户玻璃材质

Step 09　在视图中选择窗框，打开材质编辑器，选择一个空白材质球，设置其材质如图 9-12 所示。

Step 10　在视图中选择窗帘，打开材质编辑器，选择一个空白材质球，设置其材质如图 9-13 所示，注意调整它的自发光和不透明度属性。

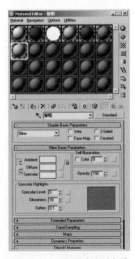

图 9-12　设置窗框材质

图 9-13　设置窗帘材质

Step 11　在视图中选择柜子，为其添加 UVW Mapping 修改器，然后在 Parameters 卷展栏中设置贴图轴参数，如图 9-14 所示。在主工具栏中单击 ⬚ 按钮，打开材质编辑器，选择一个空白材质球，在 Blinn Basic Parameters 卷展栏中单击 Diffuse 右侧的空白按钮，在弹出的 Material/Map Browser 对话框中选择 Bitmap 贴图，在弹出的 Select Bitmap Image File 对话框中选择本书配套光盘 \Maps\AA-a-006.tif 文件，然后调整贴图的位置，单击材质编辑器工具栏中的 ⬚ 按钮和 ⬚ 按钮，将材质和贴图赋予对象，如图 9-15 所示。

[Lightscape渲染传奇]

图9-14　设置柜子贴图轴

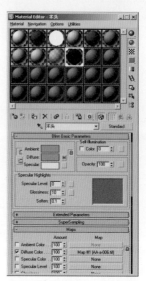

图9-15　设置柜子材质与贴图

Step 12 在视图中选择柜子上的瓷器，打开材质编辑器，选择一个空白材质球，设置其材质如图9-16所示，注意调整其自发光属性。

Step 13 在视图中选择装饰画，在主工具栏中单击 按钮，打开材质编辑器，选择一个空白材质球，设置其材质如图9-17所示（贴图为本书配套光盘\Maps\53.jpg）。

图9-16　设置瓷器材质

图9-17　设置装饰画材质

Step 14 在视图中选择墙上的玻璃，打开材质编辑器，选择一个空白材质球，设置其材质如图9-18所示。

Step 15 在视图中选择屋顶上面的玻璃，打开材质编辑器，选择一个空白材质球，设置其材质如图9-19所示，注意调整其不透明度属性。

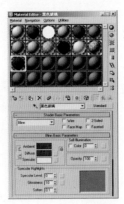

图 9-18　设置玻璃材质

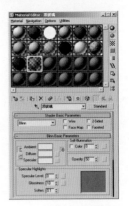

图 9-19　设置屋顶玻璃材质

在视图中选择墙面上的投影仪，选择一个空白材质球，设置其材质如图 9-20 所示，注意调整其自发光属性。

图 9-20　设置投影仪材质

在视图中选择屋顶的顶面，选择一个空白材质球，设置其材质如图 9-21 所示。

在视图中选择墙角的踢脚线，选择一个空白材质球，设置其材质如图 9-22 所示。

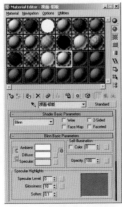

图 9-21　设置屋顶顶面材质

图 9-22　设置踢脚线材质

将场景保存，结束材质部分的练习。

第2节　在3ds Max中设置灯光

重点提示

　　本节介绍如何在场景中设置灯光，以及如何对灯光进行渲染设置。与前一个实例相比，本实例包含了数量更多的灯光，在设置时需要加倍耐心。

　　现实生活中，很多光照效果是我们非常熟悉的，正因为如此，使得我们对灯光不是很敏感，从而也降低了在三维世界中探索和模拟真实世界光照效果的能力。本实例将更详细地介绍灯光的创建与设置。

Step 01 在3ds Max 9中打开刚才保存的场景文件，或继续在上一节保存的场景中操作，如图9-23所示。

Step 02 进入 （创建）命令面板，单击 图标，在灯光下拉列表中选择 Photometric（光度学）选项，单击 Free Area 按钮创建一个自由面光源，参数设置如图9-24所示。

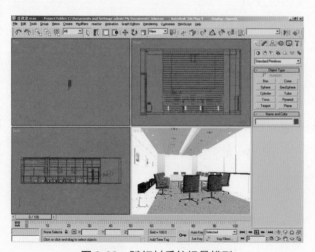

图9-23　赋好材质的场景模型

图9-24　设置灯光参数

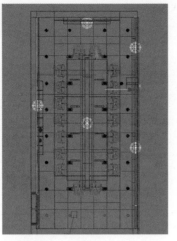

图 9-25　调整灯光的位置

Step 03 调整光源所在的位置后，按键盘上的 Shift 键进行复制，设置复制方式为 Copy（克隆），然后调整光源所在的位置，如图 9-25 所示。

Step 04 进入 （创建）命令面板，单击 图标，在灯光下拉列表中选择 Photometric 选项，单击 Free Point 按钮，创建一个自由点光源，参数设置如图所示。在 Web Parameters 卷展栏中，单击 Web File 旁边的空白按钮，在弹出的对话框中选择需要的光域网文件（本书配套光盘 \Maps\ 经典筒灯.ies），如图 9-26 所示。

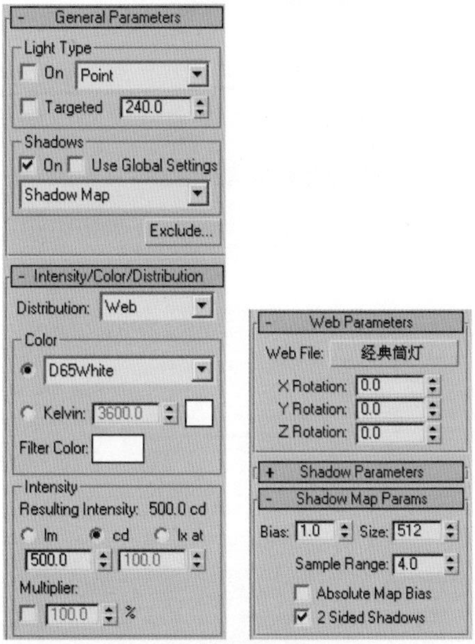

图 9-26　设置灯光参数

图 9-27　调整灯光的位置

Step 05 按键盘上的 Shift 键，使用 Instance（实例）方式复制出多个对象，并调整光源的位置，如图 9-27 所示。

第 3 节　模型的输出与输入

重点提示

　　本节介绍怎样将 *.MAX 文件输出成 *.LP 文件，以及怎样在 Lightscape 软件中打开场景文件。

Step 01 继续上一节保存的场景，或打开本书配套光盘 \Scenes\ 会议室 _ 最终.max 文件。

Step 02 单击菜单栏中的 File>Export 命令，弹出 **Select File to Export** 对话框，如图 9-28 所示。

Step 03 在对话框的"保存类型"下拉列表框中选择 Lightscape Preparation（*.LP），然后在"文件名"文本框中输入会议室。

Step 04 单击"保存"按钮，弹出 **Export Lightscape Preparation File** 对话框，如图 9-29 所示，准备输出文件。

图 9-28　设输出文件名称与位置

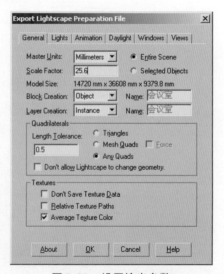

图 9-29　设置输出参数

Step 05 设置 Scale Factor 为 25.6，其他参数可不用改变。

Step 06 在 `Export Lightscape Preparation File` 对话框中打开 Views 选项卡，设置如图 9-30 所示。

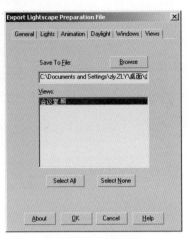

图 9-30 视图设置

Step 07 在 Views 列表框中选择"会议室 - 照"，然后单击"OK"按钮，在弹出的提示对话框中单击"确定"按钮，输出文件。

Step 08 启动 Lightscape 软件，在工具栏中单击 按钮，在弹出的对话框中选择"会议室.LP"文件，单击"打开"按钮，完成模型的输入，如图 9-31 所示。

图 9-31 打开场景文件

Step 09 单击菜单栏中的"视图>打开"命令，弹出 **打开** 对话框，如图 9-32 所示。选择"会议室 - 照.vw"文件。

图 9-32 载入摄影机文件

Step 10 单击"打开"按钮，完成摄影机文件的载入，如图9-33所示。

图9-33 载入摄影机后的场景文件

第4节 材质的设置

重点提示

　　会议室场景涉及到多种材质，本节介绍在Lightscape中调节这些材质的参考设置方法。材质的参数设置并非固定不变，读者可以根据实际情况寻找到最合适的参数搭配。

　　以下为本实例材质参考设置值。由于场景和光源不同，材质也会发生变化，所以数值并不是固定不变的，希望读者灵活运用。

Step 01 单击工具栏中的██按钮，在弹出的材质面板中双击Default Attr，在弹出的**材质属性**对话框中设置参数，如图9-34所示。

图9-34 Default Attr材质参数

Step 02 继续在材质面板中双击 hua，在弹出的**材质 属性**对话框中设置参数，如图 9-35 所示。

图 9-35 hua 材质参数

Step 03 使用同样的方法调整其他材质的特性，这里不再赘述操作过程，hua-1 材质参数如图 9-36 所示。

图 9-36 hua-1 材质参数

白瓷材质参数如图 9-37 所示。

图 9-37 白瓷材质参数

不锈钢材质参数如图 9-38 所示。

图 9-38 不锈钢材质参数

窗玻璃材质参数如图 9-39 所示。

图 9-39 窗玻璃材质参数

窗帘材质参数如图 9-40 所示。

图 9-40　窗帘材质参数

灯片材质参数如图 9-41 所示。

图 9-41　灯片材质参数

地面材质参数如图 9-42 所示。

图 9-42　地面材质参数

玻璃材质参数如图 9-43 所示。

图 9-43　玻璃材质参数

顶面材质参数如图 9-44 所示。

图 9-44　顶面材质参数

顶面 - 铝板材质参数如图 9-45 所示。

图 9-45　顶面 - 铝板材质参数

黑色玻璃材质参数如图 9-46 所示。

图 9-46　黑色玻璃材质参数

黑线材质参数如图 9-47 所示。

图 9-47　黑线材质参数

栏杆材质参数如图 9-48 所示。

图 9-48　栏杆材质参数

铝板材质参数如图 9-49 所示。

图 9-49　铝板材质参数

木头材质参数如图 9-50 所示。

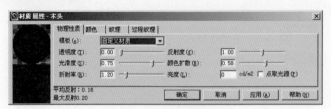

图 9-50　木头材质参数

踢脚线材质参数如图 9-51 所示。

图 9-51　踢脚线材质参数

投影仪材质参数如图 9-52 所示。

图 9-52　投影仪材质参数

椅子材质参数如图 9-53 所示。

图 9-53　椅子材质参数

椅子 -1 材质参数如图 9-54 所示。

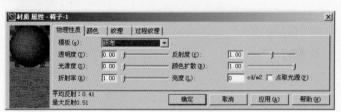

图 9-54　椅子 -1 材质参数

柱子玻璃材质参数如图9-55所示。

图9-55 柱子玻璃材质参数

桌子材质参数如图9-56所示。

图9-56 桌子材质参数

[注意] 进行材质的第1次设置时，首先单击工具栏中的 ⊡ 按钮，载入模型的贴图。如果贴图路径不正确，将无法载入场景中的贴图，这时需要在"材质 属性"对话框的"纹理"选项卡中重新指定贴图的路径，才能正确地载入场景贴图。当用到贴图时，进入"颜色"选项卡，单击"纹理平均"按钮，可以使贴图与对象固有色相统一。

[提示] 要想使材质看上去干净漂亮，需要在材质的设定上下功夫，首先材质本身纹理要清晰，灯光也要打好，其次要划分好对象表面的网格。

第5节 光线的设置

重点提示

　　光可以产生折射、反射等一些光学反应。本实例的会议室场景通过各个光度学灯光，营造出通透明亮的光线氛围。本节介绍怎样在Lightscape中调节光线的属性。

Step 01 在工具栏中单击 ▶ 按钮，选择窗户玻璃，单击右键，在弹出的快捷菜单中单击"表面处理"命令，弹出 **表面处理** 对话框，勾选"窗口"复选框，参数设置如图9-57所示。

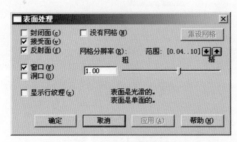

图9-57　设置阳光照射入口

 [提示] 当模型在3ds Max中输出成 .LP 文件时，在弹出的 Export Lightscape Preparation File 对话框Windows选项卡中设置窗户玻璃对象为光源照射进来的洞口，就可以跳过上面的这个步骤。

Step 02 单击菜单栏中的"光照 > 日光"命令，弹出 **日光设置** 对话框，设置日光照射参数如图9-58至图9-60所示。

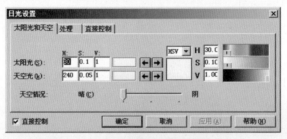

图9-58　设置太阳光和天空光颜色参数

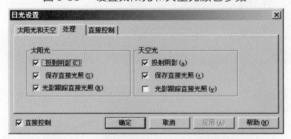

图9-59　设置太阳光和天空光处理参数

图9-60　设置太阳光照射角度和强度

Step 03 在工具栏中单击 🔧 按钮，打开 **光源面板** 对话框，如图 9-61 所示。

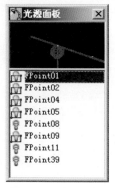

图 9-61　光源面板

Step 04 双击 FPoint01，弹出 **光源 属性** 对话框，参数设置如图 9-62 所示。

图 9-62　FPoint01 参数设置

Step 05 双击 FPoint02，弹出 **光源 属性** 对话框，参数设置如图 9-63 所示。

图 9-63　FPoint02 参数设置

Step 06 双击 FPoint04，弹出 **光源 属性** 对话框，参数设置如图 9-64 所示。

图 9-64　FPoint04 参数设置

Step 07 双击 FPoint05，弹出 **光源属性** 对话框，参数设置如图 9-65 所示。

图 9-65　FPoint05 参数设置

Step 08 双击 FPoint08，弹出 **光源属性** 对话框，参数设置如图 9-66 所示。

图 9-66　FPoint08 参数设置

Step 09 双击 FPoint09，弹出 **光源属性** 对话框，参数设置如图 9-67 所示。

图 9-67　FPoint09 参数设置

Step 10 双击 FPoint11，弹出 **光源属性** 对话框，参数设置如图 9-68 所示。

图 9-68　FPoint11 参数设置

Step 11 双击 FPoint39，弹出 **光源属性** 对话框，参数设置如图 9-69 所示。

图 9-69　FPoint39 参数设置

[注意] 当光域网文件路径不正确时，将无法载入光域网文件，这时需要手动指定光域网的路径。

[提示] 在 Lightscape 中应该先调节材质，然后再调节灯光，不能过度加大场景中灯光的强度。

第6节　初次渲染的设置

重点提示

　　本节介绍初次渲染场景的一些设置，以及消除场景中出现的光斑、漏光、锯齿等现象的方法。

Step 01 在工具栏中单击 ![] 和 ![] 按钮，然后再单击 ![] 按钮，选择全部对象的表面，如图9-70所示。单击右键，在弹出的快捷菜单中单击"表面处理"命令，对对象的表面进行细分，参数设置如图9-71所示。

图9-70　选择全部对象的表面

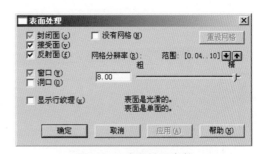

图9-71　表面处理参数

Step 02 对于受光面积较大的对象（如：墙面、地面、窗户玻璃等），需要进行单独细分，如图9-72所示。

图 9-72　表面处理参数

[提示] 设置该参数是为了减少渲染时模型出现的光斑、漏光等现象，这样还可以使渲染出来的阴影更具有真实感。

单击菜单栏中的"处理＞参数"命令，在弹出的**处理参数**对话框中设置参数，如图 9-73 所示。然后单击"向导"按钮，弹出**质量**对话框，设置参数如图 9-74 所示。单击"下一步"按钮，弹出**日光**对话框，设置参数如图 9-75 所示。单击"下一步"按钮，弹出**完成向导**对话框，单击"完成"按钮，如图 9-76 所示。

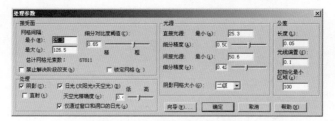

图 9-73　"处理参数"对话框

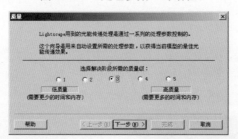

图 9-74　"质量"对话框

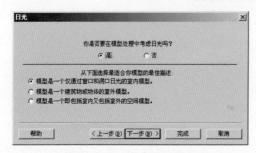

图 9-75　"日光"对话框

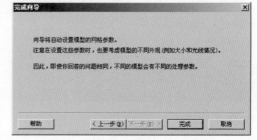

图 9-76　"完成向导"对话框

Step 04　在工具栏中单击 ⏩ 按钮，在弹出的提示对话框中单击"是"按钮，将模型初始化为解决模型。

Step 05　在工具栏中单击以下按钮 🔲🔳🔲🔲，这样才能更加有效地渲染出高质量的图像。

Step 06　在工具栏中单击 ⏩ 按钮，计算到 80% 时，单击工具栏中的 🔲 按钮（或者按键盘上的 Shift＋Esc 键强行中止光能传递计算）停止光能传递计算，观察一下初步效果，看整体的光照水平是否合适。光能传递过程如图 9-77 至图 9-81 所示。

图 9-77　渲染 10% 效果

图 9-78　渲染 30% 效果

图 9-79　渲染 40% 效果

图 9-80　渲染 50% 效果

图 9-81　渲染 70% 效果

Step 07　在渲染到一定程度时，停止渲染，单击工具栏中的 🔲 按钮，用光标在场景中拖曳出区域，检查对象的光影追踪和材质属性，如有感觉不满意的材质可继续在材质面板中调节材质的参数，如图 9-82 所示。

图 9-82　光影追踪区域效果

[注意] 如果对材质特性不满意，可按前文所述调整材质属性的方法将其继续调至理想效果。

Step 08 单击菜单栏中的"文件>属性"命令，弹出 **文件属性** 对话框，调整文件的亮度、对比度以及颜色参数，参数设置如图 9-83 和图 9-84 所示。

图 9-83　文件显示属性设置

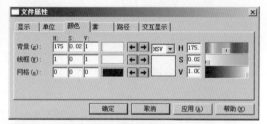

图 9-84　文件颜色属性设置

第7节　渲染结果的输出

重点提示

Lightscape 可以将渲染结果输出为多种图像格式，以适应不同用户的需求。在同一对话框中能够完成所有输出参数的设置，简单方便。

单击菜单栏中的"文件＞渲染"命令，弹出 **渲染** 对话框，参数设置如图 8-85 所示。

单击确定按钮，完成图像输出的设置。

图 9-85　渲染属性设置

第 8 节　图像的后期处理

重点提示

本节介绍如何在 Photoshop 中使用各种工具来处理图像，并为效果图添加绿植等装饰物，使效果图看起来更加逼真、自然。

在 Photoshop 中打开 Lightscape 渲染后的最终文件"会议室.tga"。

在图层面板中右键单击"背景"图层，在弹出的快捷菜单中单击"复制图层"命令，复制新的图层"图层 1"，或者使用快捷键 Ctrl＋J 复制出新的图层，如图 9-86 所示。

单击菜单栏中的"文件＞另存为"命令，将文件另存为"会议室.psd"，如图 9-87 所示。

图 9-86　复制新图层

图 9-87　另存文件

[Lightscape渲染传奇]

Step 04 单击菜单栏中的"图像>调整>色阶"命令，在弹出的**色阶**对话框中设置色阶参数，如图9-88所示。

Step 05 单击菜单栏中的"图像>调整>色彩平衡"命令，在弹出的**色彩平衡**对话框中设置色彩平衡参数，如图9-89所示。

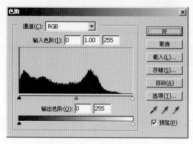
图9-88　色阶参数

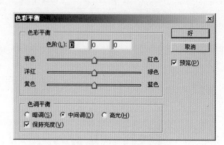
图9-89　色彩平衡

Step 06 单击菜单栏中的"图像>调整>亮度/对比度"命令，在弹出的**亮度/对比度**对话框中设置亮度和对比度参数，如图9-90所示。

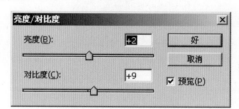
图9-90　亮度与对比度

Step 07 在Photoshop中打开本书配套光盘\Maps\花草.PSD文件，如图9-91所示。在左侧的工具箱中选择 工具，直接把图层1拖曳至会议室场景当中，并把花草图案调整到合适的位置，如图9-92所示。

图9-91　打开素材文件

图9-92　复制并移动位置

以上后期处理参数只供读者参考，具体以实际应用为准。

Step 08 观察场景，可以进行一些细节调整，最终效果如图 9-93 所示。读者可以在本书配套光盘\光传文件\第9章\目录下找到相应的输出文件，与自己制作的效果进行对比。

图 9-93　最终效果

　　如何制作通透的场景是本实例的重点，阳光、灯槽、桶灯的制作方法不同，制作时不能使用一成不变的参数。例如，墙面、地面和家具的反射系数不同，产生的高光效果也不同。建议读者多观察身边各种光线条件下的物品形态，从而制做出更加逼真的场景效果。

[Lightscape渲染传奇]

Lightscape VRay finalRender

第 10 章　欧式客厅

本章实例介绍了怎样利用Lightscape渲染器渲染出一个具有现代感的客厅效果图，充分体现出房间高贵典雅的氛围。本实例将通过对对象材质和灯光的设置，使读者进一步了解场景中灯光、材质对环境的影响。学习本实例可以提高读者对场景整体氛围的把握能力，同时增强读者的审美观念。

第1节 在3ds Max中设置材质

重点提示

　　由于 Lightscape 中依据材质的颜色来区分不同的材质，所以在 3ds Max 中设置材质时的一项重要工作是设置材质的颜色。

Step 01 在3ds Max 9中打开本书配套光盘\Scenes\ 客厅.max 文件，参数设置如图 10-1 所示。

图 10-1　建好的模型文件

Step 02 在视图中选择墙面，在主工具栏中单击 🔳 按钮，打开材质编辑器，选择第一个材质球，设置颜色，单击材质编辑器工具栏中的 🔳 按钮，将材质赋予对象，参数设置如图 10-2 所示。

Step 03 在视图中选择墙面壁纸，在主工具栏中单击 🔳 按钮，选择材质编辑器中的第 2 个材质球，设置颜色，单击材质编辑器工具栏中的 🔳 按钮，将材质赋予对象，参数设置如图 10-3 所示。

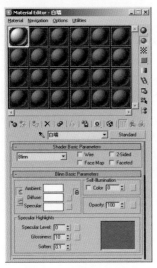

图 10-2　设置墙面材质

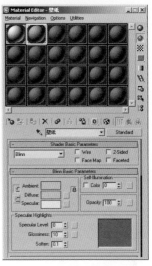

图 10-3　设置墙面壁纸材质

在视图中选择砖块，在主工具栏中单击 按钮，打开材质编辑器，选择一个空白材质球，在 **Blinn Basic Parameters** 卷展栏中单击 Diffuse 右侧的空白按钮，在弹出的 **Material/Map Browser** 对话框中选择 **Bitmap** 贴图，在弹出的 **Select Bitmap Image File** 对话框中选择本书配套光盘 \Maps\4JP005.jpg 文件，调整贴图的位置后将材质和贴图赋予对象，参数设置如图 10-4 所示。

在视图中选择需要赋砖块贴图的对象，在主工具栏中单击 按钮，打开材质编辑器，选择一个材质球，在卷展栏中单击 Diffuse 右侧的按钮，在 **Material/Map Browser** 对话框中选择 **Bitmap** 贴图，在弹出的 **Select Bitmap Image File** 对话框中选择本书配套光盘 \Maps\4JP005.jpg 文件，调整贴图的位置后将材质和贴图赋予对象，参数设置如图 10-5 所示。

图 10-4　设置砖块材质

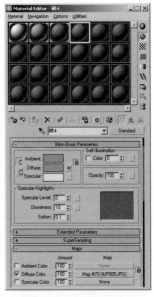

图 10-5　设置砖块材质

［Lightscape渲染传奇］

Step 06 在视图中选择刷有白色漆的对象，使用 Standard 材质，参数设置如图 10-6 所示。

Step 07 在视图中选择门上的装饰砖，使用 Standard 材质，参数设置如图 10-7 所示。

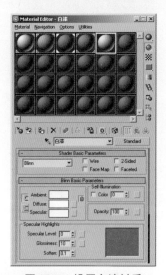

图 10-6　设置白漆材质

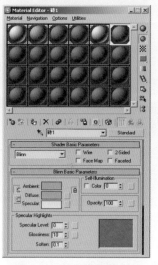

图 10-7　设置装饰砖材质

Step 08 在视图中选择金属对象，使用 Standard 材质，参数设置如图 10-8 所示。

Step 09 在视图中选择柚木，使用 Standard 材质，参数设置如图 10-9 所示。

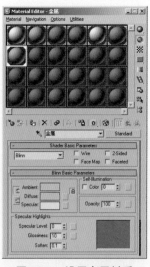

图 10-8　设置金属材质

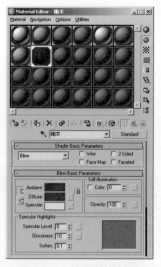

图 10-9　设置柚木材质

[注意]　本实例在 3ds Max 中的材质设置介绍得比较简单，因为在 3ds Max 中主要的工作是将不同材质的颜色区分开来，以避免模型导入 Lightscape 中后，多个材质在场景中共用一个颜色的材质球，给制作带来不必要的麻烦。如果在 3d Max 中忘记了给对象设置贴图，我们也可以在 Lightscape 里设置物体的贴图。

将场景保存，结束材质部分的练习。

第 2 节　在 3ds Max 中设置灯光

重点提示

　　与前两个实例不同，本实例的场景主要由室内灯光提供照明，营造了一种典雅而温馨的氛围。本节介绍如何在场景中设置灯光，以及如何进行 Lightscape 渲染器的设置。

Step 01 在 3ds Max 9 中打开赋好材质的场景模型，如图 10-10 所示。

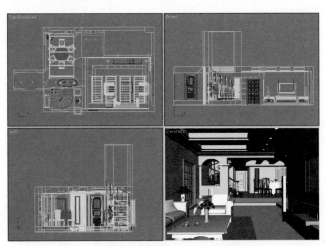

图 10-10　赋好材质的场景模型

Step 02 进入 （创建）命令面板，单击 图标，在灯光下拉列表中选择 Standard 选项，单击 Target Point 按钮，创建一个目标点光源，参数设置如图 10-11 所示。

Step 03 调整光源所在的位置，按键盘上的 Shift 键 Instance 复制数个，并调整光源所在的位置，如图 10-12 所示。

图 10-11　设置灯光参数

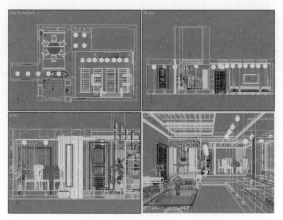

图 10-12　复制并调整灯光的位置

Step 04 选择刚才创建的任意一个光源，按键盘上的 Shift 键 Copy（克隆）一份，并调整光源所在的位置，参数设置如图 10-13 所示。再次按键盘上的 Shift 键 Copy 一个光源，调整好光源位置，如图 10-14 所示。

图 10-13　设置灯光参数

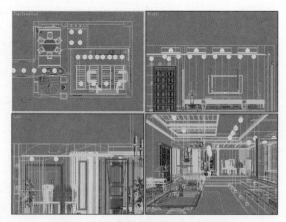

图 10-14　复制并调整灯光的位置

Step 05 进入 （创建）命令面板，单击 图标，在灯光下拉列表中选择 Photometric 选项，单击 Target Linear 按钮，创建一个目标线光源，参数设置如图 10-15 所示。

Step 06 调整光源所在的位置，按键盘上的 Shift 键以 Instance 方式复制数个，并调整光源所在的位置，如图 10-16 所示。

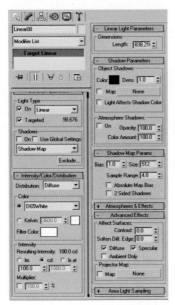

图 10-15　设置灯光参数

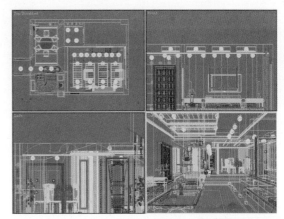

图 10-16　复制并调整灯光的位置

07　选择刚才创建的任意一个 Target Linear 光源，按键盘上的 Shift 键以 Copy 方式复制一份，并调整光源所在的位置，参数设置如图 10-17 所示。再次按键盘上的 Shift 键 Copy 复制数个，调整好光源所在位置，如图 10-18 所示。

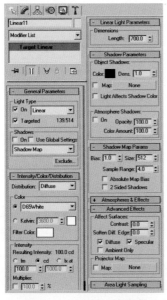

图 10-17　设置灯光参数

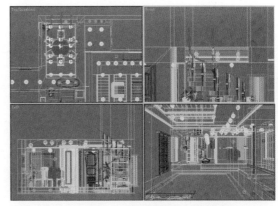

图 10-18　复制并调整灯光的位置

08　进入 （创建）命令面板，单击 图标，在灯光下拉列表中选择 Standard 选项，单击 Omni 按钮，创建一个泛光灯，参数设置如图 10-19 所示。

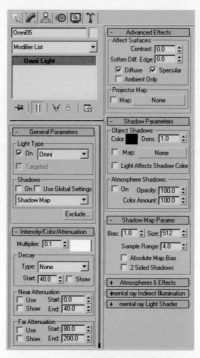

图 10-19　设置灯光参数

Step 09 调整光源所在的位置，按键盘上的 Shift 键以 Copy 方式复制数个，并调整光源所在的位置，如图 10-20 所示。整体灯光分布如图 10-21 所示。

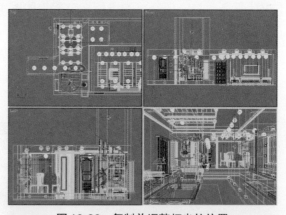

图 10-20　复制并调整灯光的位置

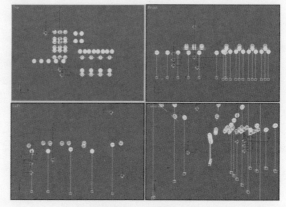

图 10-21　灯光分布

第 3 节　模型的输出与输入

重点提示

本节介绍怎样将 *.MAX 文件输出成 *.LP 文件，以及怎样在 Lightscape 软件中打开场景文件。

Step 01 继续在上一节的场景中操作，或打开本书配套光盘 1\Scenes\ 客厅 _ 最终.max 文件。

Step 02 单击菜单栏中的 File > Export 命令，弹出 **Select File to Export** 对话框。

Step 03 在弹出的对话框中选择 Lightscape Preparation（*.LP），然后在"文件名"下拉列表框中输入"客厅"，如图 10-22 所示。

Step 04 单击"保存"按钮，弹出 **Export Lightscape Preparation File** 对话框，如图 10-23 所示，准备输出文件。

图 10-22　设输出文件名称与位置

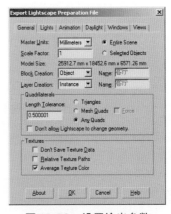

图 10-23　设置输出参数

Step 05 在 General 选项卡的 Scale Factor: 1 数值框中改变模型比例因子参数，本实例设置为 25.4。

Step 06 在 **Export Lightscape Preparation File** 对话框中进入 Views 选项卡，如图 10-24 所示。

图 10-24　视图设置

Step 07 在 Views 视图列表中选择 Camera01，然后单击 OK 按钮，在弹出的提示对话框中单击确定按钮，输出文件。

Step 08 启动 Lightscape 软件，在工具栏中单击按钮，在弹出的对话框中选择"客厅.LP"文件，单击"打开"按钮，完成模型的输入，如图 10-25 所示。

[注意] 如果在模型输出的时候没有改变比例因子参数，可以在 **打开** 对话框中的"比例"数值框中设置模型的比例参数。

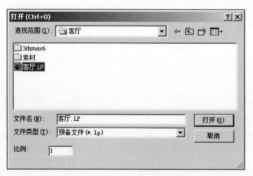

图 10-25　打开场景文件

Step 09 单击菜单栏中的"视图>打开"命令，弹出 **打开** 对话框，如图 10-26 所示。选择 Camera01.vw 文件。

图 10-26　载入摄影机文件

Step 10 单击"打开"按钮，完成摄影机文件的载入，此时场景效果如图 10-27 所示。

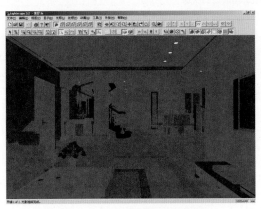

图 10-27　载入摄影机后的场景文件

第 4 节　材质的设置

重点提示

Lightscape 对于所有材质的定义参数，都集中在"材质属性编辑"面板中。在这个编辑面板中可以定义材质的物理属性、材质的表面颜色、材质的发光程度、材质的贴图设置、材质表面凹凸等参数。

材质是物体外观状态的一种表现形式。在现实生活中的所有物体都具有自己独特的属性，如光滑、柔软、透明、坚硬等，而 Lightscape 提供了这些在日常生活中经常遇见的材质属性，通过一些参数的调节，可以改变材质模板的一些细节变化。Lightscape 的模板拥有更多形象的材质属性，更加方便用户调节。

Step 01 单击工具栏中的 ◙ 按钮，弹出材质面板。

Step 02 在材质面板中双击"柚木"材质，在弹出的 **材质 属性** 对话框中设置参数，如图 10-28 所示。

图 10-28　柚木材质参数

Step 03 用同样的方法调整其他材质的特性，这里不再赘述操作过程。 金属材质参数如图 10-29 所示。

图 10-29　金属材质参数

红胡桃材质参数如图 10-30 所示。

图 10-30　红胡桃材质参数

绿叶材质参数如图 10-31 所示。

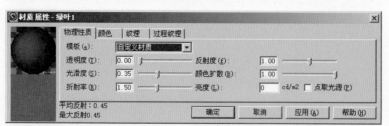

图 10-31　绿叶材质参数

果盘材质参数如图 10-32 所示。

图 10-32　果盘材质参数

窗帘材质参数如图 10-33 所示。

图 10-33　窗帘材质参数

玻璃材质参数如图 10-34 所示。

图 10-34　玻璃材质参数

不锈钢材质参数如图 10-35 所示。

图 10-35　不锈钢材质参数

磨砂玻璃材质参数如图 10-36 所示。

图 10-36　磨砂玻璃材质参数

壁纸材质参数如图 10-37 所示。

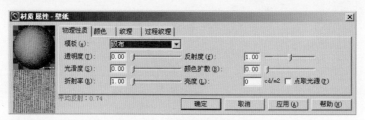

图 10-37　壁纸材质参数

白砂材质参数如图 10-38 所示。白砂材质凹凸贴图设置参数如图 10-39 所示。

图 10-38　白砂材质参数

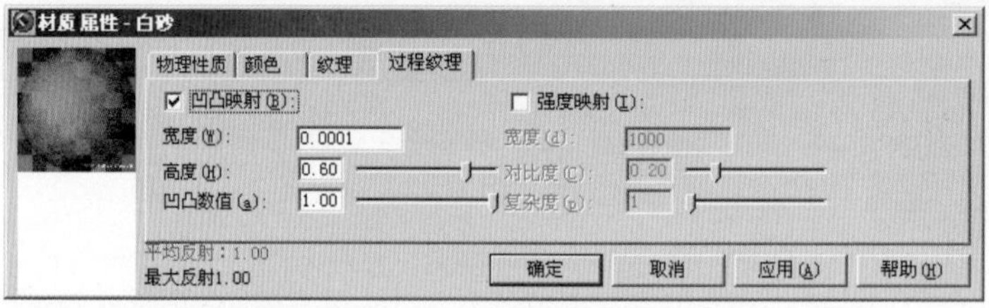

图 10-39　白砂材质凹凸贴图参数

冷色墙壁材质参数如图 10-40 所示。

图 10-40　冷色墙壁材质参数

暖色墙壁材质属性参数如图 10-41 所示。

图 10-41　暖色墙壁材质参数

地毯材质参数如图 10-42 所示。

图 10-42　地毯材质参数

[注意] 在进行材质的第 1 次设置的时候，首先单击工具栏中的 按钮，显示模型的纹理贴图，完成场景纹理贴图的载入。如果贴图路径不正确，将无法载入场景中的贴图，只有在 材质属性 对话框的"纹理"选项卡中重新指定贴图的路径，才能正确地载入场景贴图。当有些对象用到贴图时，进入"颜色"选项卡，单击"纹理平均"按钮，能够使贴图与对象固有色相统一。

[提示] 以上的材质调整方法很简单，值得读者注意的是平时要多观察日常生活中现实的物体，研究物体在各种光线条件下的变化，熟悉各类物体对光产生的折射、反射等物理特性。

第 5 节　光线的设置

重点提示

光源作为 Lightscape 模型的一种采光来源，直接决定着一张效果图的效果，利用灯光渲染可以对场景的颜色、气氛、光感等多方面进行控制，从而制作出一张精美且富有个性的效果图。

Step 01 在工具栏中单击 ⊡ 按钮，选择窗户玻璃，单击右键，在弹出的快捷菜单中单击 "表面处理" 命令，弹出 表面处理 对话框，在对话框中勾选 "窗口" 复选框，参数设置如图 10-43 所示。

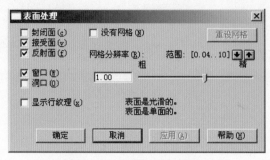

图 10-43　设置阳光照射入口

Step 02 单击菜单栏中的　"光照＞日光" 命令，弹出 日光设置 对话框，设置日光照射参数如图 10-44 至图 10-46 所示。

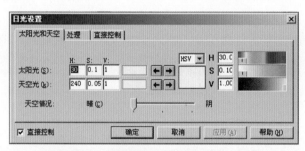

图 10-44　设置太阳光和天空光颜色参数

图 10-45　设置太阳光和天空光处理参数

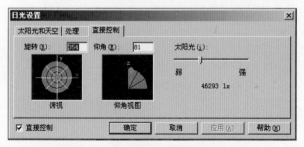

图 10-46　设置太阳光照射角度和强度

Step 03 在工具栏中单击 按钮，打开 **光源面板** 对话框，如图 10-47 所示。

图 10-47 光源面板

Step 04 双击 Linear01，弹出 **光源 属性** 对话框，参数设置如图 10-48 所示。

图 10-48 Linear01 参数设置

Step 05 双击 Linear09，弹出 **光源 属性** 对话框，参数设置如图 10-49 所示。

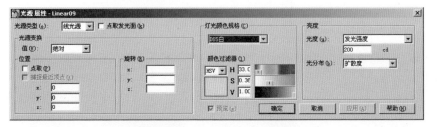

图 10-49 Linear09 参数设置

Step 06 双击 Omni02，弹出 **光源 属性** 对话框，参数设置如图 10-50 所示。

图 10-50 Omni02 参数设置

Step 07 双击 Omni03，弹出 **光源 属性** 对话框，参数设置如图 10-51 所示。

图 10-51　Omni03 参数设置

Step 08 双击 Omni04，弹出 **光源 属性** 对话框，参数设置如图 10-52 所示。

图 10-52　Omni04 参数设置

Step 09 双击 Omni05，弹出 **光源 属性** 对话框，参数设置如图 10-53 所示。

图 10-53　Omni05 参数设置

Step 10 双击 Point01，弹出 **光源 属性** 对话框，参数设置如图 10-54 所示。

图 10-54　Point01 参数设置

Step 11 双击 Point18，弹出 **光源 属性** 对话框，参数设置如图 10-55 所示。

图 10-55　Point18 参数设置

[注意] 当光域网文件路径不正确时，将无法载入光域网文件，此时需要手动指定光域网文件的路径。

第 6 节　初次渲染的设置

重点提示

　　本节将使用 Lightscape 的场景模型网格细分功能，为效果图制作真实自然的光线分布效果。

Step 01 在工具栏中单击 和 按钮，然后再单击 按钮，选择全部对象的表面，如图 10-56 所示。单击右键，在弹出的快捷菜单中单击"表面处理"命令，对对象的表面进行细分，参数设置如图 10-57 所示。

 [注意] 对场景模型网格进行细分，目的是让场景模型在渲染时不出现锯齿、漏光、光斑等现象，使对象的阴影过渡自然。

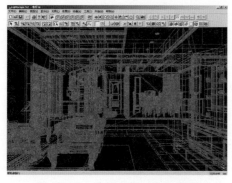

图 10-56　选择全部对象的表面

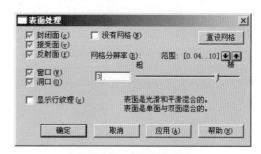

图 10-57　表面处理参数

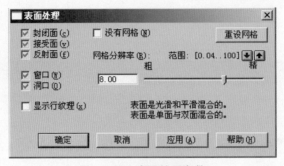

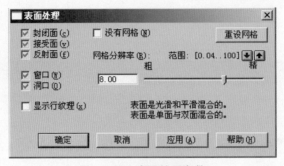

对于受光面积较大的对象（如：墙面、地面、窗户玻璃等），需要单独进行细分，如图10-58所示。

图10-58　表面处理参数

> Lightscape的网格细分是一项独特的技术，它可以对对象模型的面片进行细分。在模型初始化开始光能传递的时候，Lightscape先把对象打碎成面片，再根据灯光和场景中的模型，算出在面片上所要承受的光影。对于阴影多的地方，那部分的面片会更加细致一些，表现的阴影也就更加丰富。Lightscape的智能化网络细分，会根据阴影来细分模型。

单击菜单栏中的"处理>参数"命令，在弹出的 **处理参数** 对话框中设置参数，如图10-59所示。单击"向导"按钮，弹出 **质量** 对话框，设置参数如图10-60所示。单击"下一步"按钮，弹出 **日光** 对话框，设置参数如图10-61所示。单击"下一步"按钮，弹出 **完成向导** 对话框，单击"完成"按钮，如图10-62所示。

图10-59　"处理参数"对话框

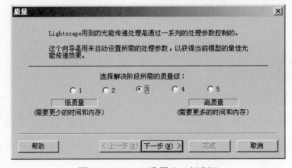

图10-60　"质量"对话框

图 10-61　"日光"对话框

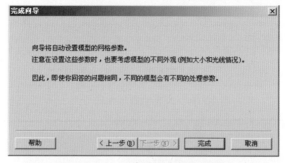

图 10-62　"完成向导"对话框

Step 04 在工具栏中单击  按钮，在弹出的提示对话框中单击"是"按钮，将模型初始化为解决模型。

Step 05 在工具栏中单击以下按钮 （双倍缓存、背面消隐、混合、反锯齿），这样能更加有效地渲染出高质量的图像，同时节省渲染的时间。

Step 06 在工具栏中单击 按钮，计算到 80% 时，单击工具栏中的 按钮（或者按键盘上的 Shift＋Esc 键强行中止光能传递计算）停止光能传递计算，观察一下初步效果，看整体的光照水平是否合适，如图 10-63 所示。

图 10-63　光能传递后的场景文件

Step 07 单击工具栏中的 ▣ 按钮,用光标在场景中拖曳出区域,检查对象的光影追踪结果和材质属性,如有感觉不满意的材质可继续在材质面板中调节材质的参数,如图 10-64 和图 10-65 所示。

图 10-64 光影追踪区域效果 1

图 10-65 光影追踪区域效果 2

Step 08 单击菜单栏中的"文件 > 属性"命令,弹出 **文件属性** 对话框,调整文件的亮度、对比度以及颜色参数,参数设置如图 10-66 和图 10-67 所示。

图 10-66 文件显示属性设置

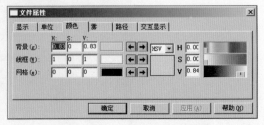

图 10-67 文件颜色属性设置

第7节 渲染结果的输出

重点提示

渲染指的是将模型输出成为产品级别的图像。当模型经过导入、调整、光能传递等操作后，就需要将其渲染成为图像格式进行保存，完成模型的表现。渲染做为Lightscape的最后一道工序，控制着图像的整体效果，以及图像的精细品质。

Step 01 单击菜单栏中的"文件＞渲染"命令，弹出 **渲染** 对话框，参数设置如图10-68所示。

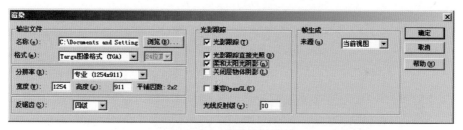

图10-68　渲染属性设置

Step 02 单击"确定"按钮，完成图像输出的设置。

第8节 图像的后期处理

重点提示

本节介绍如何使用Photoshop处理图像，使效果图更加真实而富有层次感。这一工序往往也体现出制作者的审美水准。

01 在 Photoshop 中打开 Lightscape 渲染后的最终文件 "客厅.tga"，如图 10-69 所示。

图 10-69　打开文件

02 在图层面板中右键单击 "背景" 图层，在弹出的快捷菜单中单击 "复制图层" 命令，复制新的图层 "图层 1"，或者使用快捷键 Ctrl＋J 复制出新的图层，如图 10-70 所示。

图 10-70　复制新图层

03 单击菜单栏中的 "文件＞另存为" 命令，将文件另存为 "客厅.psd"，如图 10-71 所示。

04 单击菜单栏中的 "图像＞调整＞色阶" 命令，在弹出的**色阶**对话框中设置色阶参数，如图 10-72 所示。

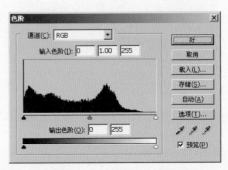

图 10-71　另存文件　　　　　　　图 10-72　设置色阶参数

Step 05 单击菜单栏中的"图像>调整>亮度/对比度"命令，在弹出的**亮度/对比度**对话框中设置亮度与对比度参数，如图 10-73 所示。

Step 06 单击菜单栏中的"图像>调整>曲线"命令，在弹出的**曲线**对话框中设置曲线参数，如图 10-74 所示。

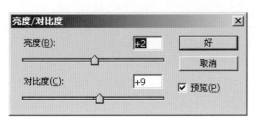

图 10-73 曲线　　　　　　　　　　　　　图 10-74 亮度与对比度

Step 07 在工具箱中选择 ╬ 工具，裁剪图像，最终效果如图 10-75 所示。读者可以在本书配套光盘\光传文件\第10章\目录下找到相应的输出文件，与自己制作的效果进行对比。

图 10-75 最终效果

　　本实例在 Lightscape 渲染中相对较难，因为这是一个封闭的场景，全部由室内灯光进行照明。完成这个实例的制作之后，读者应该对 Lightscape 渲染器有了比较深入的了解。在实际工作中，应注意合理利用Lightscape在光能传递方面的特性，通过调节灯光和材质，营造出富于真实感的场景氛围。

第 4 部分　finalRender 渲染传奇

Lightscape VRay finalRender

finalRender 是一款功能全面的渲染器，适合制作任何类型的 CG 图像作品，拥有大量的用户群。本部分依次介绍了 3 个不同应用层面的实例，有卡通效果的影视动画场景，有玻璃陶瓷质感通透的现代卫生间场景，还有光感浓厚的休息厅场景。在这些实例中穿插了多种 finalRender 渲染器表现灯光、质感的技巧，以及渲染参数设置的方法供读者学习。

IV

第 11 章 天光场景
finalRender 的全局光照及使用流程

第 12 章 卫浴空间
finalRender 的材质和灯光参数设置

第 13 章 酒店休息厅
部分 finalShader 高级材质的用法

技术提示：
随着 3ds Max 9 版本的推出，同时为了适应 64 位处理的需要，finalRender 渲染器也随之产生了巨大变化，其界面的变化更是翻天覆地，很多老用户在初次拿到这个版本时都会将其误认为是一个新的软件。同时，软件还新增了全局光照动画、分布式渲染、色散等功能，以及大量新材质，为用户带来了全新体验。

Lightscape VRay finalRender

第11章　天光场景

Lightscape VRay finalRender

finalRender 渲染器在目前几大渲染器中功能最为完整，在灯光、材质、特效、全局光照和非真实渲染等方面都非常出色。因为其开发公司很早就是 3ds Max 的著名插件开发商，所以这一渲染器在兼容性方面也是最稳定的。本章实例将通过一个简单的露天场景，对 finalRender 进行初步的学习，包括对其材质和渲染设置进行基本的练习。

第1节　finalRender　渲染初步设置

重点提示

　　finalRender渲染器是一款能够提供高级全局光照的工具，本节将介绍finalRender渲染器的使用方法和finalRender的基本渲染流程。

Step 01 打开本书配套光盘\Scenes\frist.max 文件，如果弹出系统单位设置的对话框，单击 Adopt the File's Unit Scale（采用文件单位）单选按钮即可。这是一个露天长廊场景，模型和摄影机镜头已经全部建好，如图 11-1 所示。本例将使用天光进行照明。

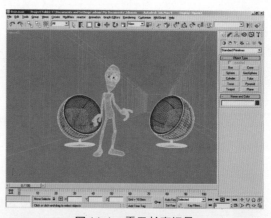

图 11-1　露天长廊场景

Step 02 渲染摄影机视图，效果如图 11-2 所示。在没有设置渲染器的情况下。场景和人物的材质还只是系统默认的效果。

图 11-2　场景默认渲染效果

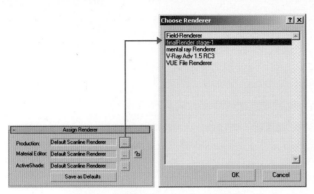

图 11-3 设置 finalRender 渲染器

Step 03 设置当前渲染器为 final-Render，如图 11-3 所示。

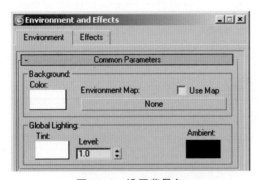

图 11-4 设置背景色

Step 04 按 8 键打开 Environment and Effects 对话框，在 Common Parameters 卷展栏的 Background 选项组中设置颜色为白色，使用这个背景作为主要照明光源，如图 11-4 所示。

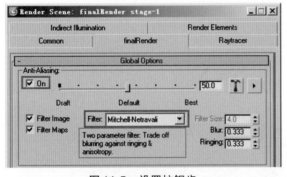

图 11-5 设置抗锯齿

Step 05 下面设置渲染参数。按 F10 键打开 Render Scene 对话框，在 finalRender 选项卡的 Global Options（全局选项）卷展栏中设置参数如图 11-5 所示。

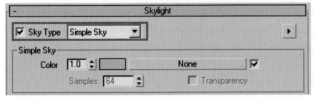

图 11-6 关闭 Default Lights

Step 06 在 Options 选项组中取消对 Lights 复选框的勾选，否则系统将使用默认灯光渲染场景，如图 11-6 所示。

[finalRender渲染传奇]

Step 07 在 Indirect Illumination（间接照明）选项卡的 Global Illumination 卷展栏中，勾选 Enable 复选框，打开全局光照效果。设 Bounces（光线反弹次数）为 5，Multiplier（一次光线倍增）为 0.7，Sec.Multiplier（二次光线倍增）为 1.5，Engine（引擎）为 final-Render: Image，如图 11-7 所示。

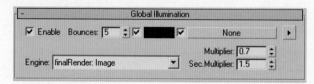

图 11-7　设置全局光照

Step 08 在 Global Illumination Advanced Controls（全局照明高级控制）卷展栏中设置 Color Bleeding（颜色混合）为 100（在最终高级别渲染时这个参数需设为 150 到 200），勾选 Consider Background（考虑背景）复选框，如图 11-8 所示。

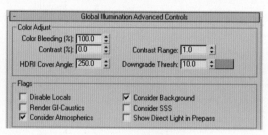

图 11-8　高级控制

Step 09 打开 finalRender: Image（图像）卷展栏，在 Simulation Settings（模拟设置）选项组中设置 RH-Rays（随机半球光线）为 32（最终高级别渲染时为 512），勾选 Sec.Rays（二次随机半球光线）复选框，设置该参数为 16（最终高级别渲染时为 256）。勾选 Absolute Resolution（绝对坐标）复选框，设置 Min.Radius（最小半径）为 30mm，Max/Min Ratio（最大/最小半径比率）为 25，其他参数设置如图 11-9 所示。

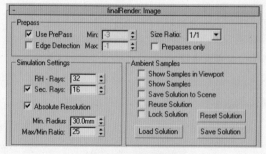

图 11-9　图像设置

Step 10 确定 Use PrePass（使用预处理）复选框为勾选状态，这样系统会先对场景进行一次预算（进行预算的好处是，可以先进行小尺寸预算后再进行大图渲染，节省渲染时间，这一点类似 VRay 渲染器的光照贴图），然后正式渲染。此时使用的是默认的材质，渲染效果如图 11-10 所示。

图 11-10　低级别测试渲染效果

如果使用高配置的电脑，可以选用最终高级别渲染的参数来渲染（设置 RH-Rays 为 512，Sec.Rays 为 256。渲染时间将会成倍增加，但可以得到很好的画面效果）。此时效果如图 11-11 所示，画面更细腻，光线更平滑。

图 11-11　高级别测试渲染效果

第 2 节　场景材质设置

重点提示

　　本实例场景比较简单，涉及了几种 final Render 专用材质。本节学习 finalRender 的材质基本设置方法，设置塑料、石膏墙、不锈钢材质的参数。

首先设置墙面材质。按 M 键打开材质编辑器，选择一个空白材质球，单击 Standard
（标准）按钮，将这个材质设置为 fR-Advanced（fR- 高级）材质，设置参数如
图 11-12 所示。

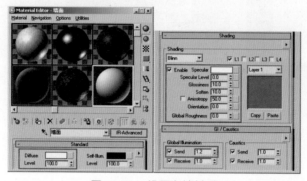

图 11-12　设置白墙材质

通过 fR-Advanced 材质可以让 finalRender 渲染器发挥全局光照和它特有的反射
折射效果。Diffuse（漫反射）参数用于设置对象的漫反射颜色（也就是固有
色），与 3ds Max 默认材质的用法相同。Level（级别）参数用于增加或减
少 Diffuse 颜色在对象表面的附着力。Self-Illum,（自发光）参数用于设置对象
的发光亮度，也可以混合其他的材质贴图来制作发光效果。IOR（反射系数）
用于控制 Fresnel（菲涅尔）反射的效果强度。

将该材质赋予墙面和地面，渲染场景,效果如图 11-13 所示。由于将 Send（传递）
参数设置为 1.2，所以墙面的光线反射非常强烈。

图 11-13　渲染效果

设置椅子的塑料材质。单击 Standard（标准）按钮，将这个材质设置为 fR-Advanced
材质，设置参数如图 11-14 所示。

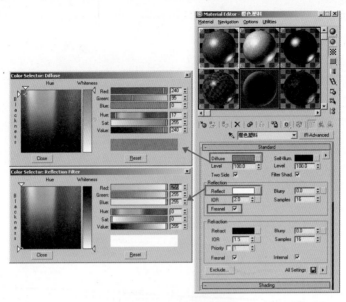

图 11-14 橙色塑料材质

Step 04 在 Shading 卷展栏中设置光影属性如图 11-15 所示。由于塑料材质的质感比较光滑，这里设置 Send 为 1.3。

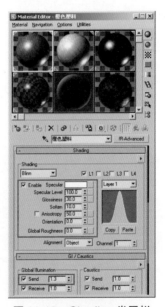

图 11-15 Shading 卷展栏

Step 05 将该材质赋予左边的椅子外轮廓和人物的身体，渲染效果如图 11-16 所示。

图 11-16　橙色塑料材质的渲染效果

Step 06 将塑料材质设置为不同的颜色，分别赋予椅子的内部和另一个椅子。

Step 07 下面制作椅子底座的金属材质。选择一个空白材质球，单击 Standard（标准）按钮，将这个材质设置为 fR-Metal（fR- 金属）材质，如图 11-17 所示。

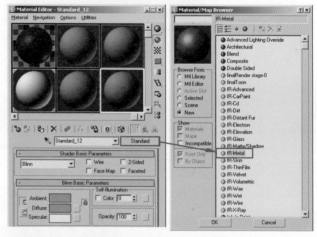

图 11-17　设置金属材质

Step 08 fR-Metal 材质是 finalRender 渲染器自带的一种金属专用材质，这里设置参数如图 11-18 所示。Reflect 是以 256 级灰度来设置反射强度。Reflectivity（反射率）是以百分比的形式设置反射亮度，该值为 100 时产生镜面反射的效果，为 0 时没有反射。

图 11-18　金属材质参

图11-19　金属底座效果

金属底座的渲染效果如图11-19所示。

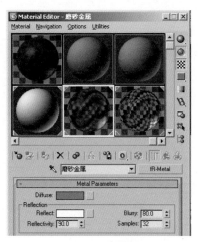

图11-20　磨砂金属设置

Step 09 下面设置另一种磨砂金属的材质。将刚才的金属材质复制到一个新的样本球上，重命名为"磨砂金属"，设Blurry（模糊）为80，Samples（采样）为32，如图11-20所示。Samples代表了磨砂颗粒的细节（这个参数和Blurry参数都会影响渲染速度）。

图11-21　磨砂金属渲染结果

磨砂金属的渲染结果如图11-21所示。

按 F10 键打开 Render Scene 对话框，用 320 × 240 的尺寸进行渲染。渲染结束后，在 `finalRender: Image` 卷展栏中勾选 Reuse Solution（重用解决方案）复选框，取消对 Use PrePass 复选框的勾选，然后以 1024 × 768 的尺寸输出渲染图像，最终的渲染结果如图 11-22 所示。最终场景模型可参考本书配套光盘 \Scenes\frist OK.max 文件。

图 11-22　最终渲染结果

本实例完整介绍了 finalRender 的全局光照和材质基本制作流程。通过这一实例的练习，读者应该对 finalRender 渲染器的使用方法有了一个初步认识，下一章将会进行一些高级的练习。

第12章　卫浴空间

Lightscape VRay finalRender

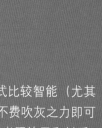

finalRender 是一款渲染速度非常快的渲染器，材质制作方式比较智能（尤其是内置的反射折射材质和高级 finalShader 材质插件，让用户不费吹灰之力即可得到高画质的图像）。本章实例重点练习 finalRender 的全局光照效果和材质，主要讲解灯光的布置技巧和全局光照渲染的设置方法，最后对几个经常使用的 FR 材质进行了详细解释。

第1节 卫浴照明设置

重点提示

　　本节介绍使用finalRender灯光进行渲染的流程。finalRender渲染器具有高品质的材质表现功能，配合渲染设置（AntiAliasing 抗锯齿、Min\Max.Samples 最小\最大采样、Global-Illumination 全局光照、Sky Light 天光和 Filter 过滤器）能够制作出非常专业的图像。

Step 01 启动 3ds Max 9，打开本书配套光盘 \Scenes\ 卫生间材质.max 文件，该场景是用网友 topro 制作的模型修改得来的。如果弹出系统单位设置的对话框，单击 Adopt the File's Unit Scale（采用文件的单位）单选按钮即可。

Step 02 finalRender 渲染器可以兼容大部分的 3ds Max 材质。但是为了得到更加逼真的材质效果，通常要使用 finalRender 提供的专用材质。按 F10 键打开 Render Scene 对话框，设置当前渲染器为 finalRender，此时材质效果如图 12-1 所示。在 finalRender 选项卡 Global Options 卷展栏的 Anti-Aliasing 选项组中，勾选 On 复选框，设置 Filter（过滤器）为 Catmull-Rom，如图 12-2 所示。

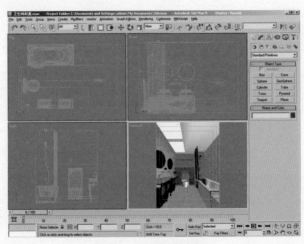

图 12-1　观看材质效果

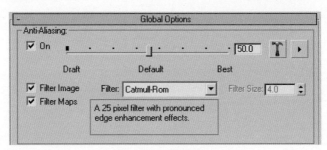

图 12-2　设置渲染器

在设置灯光前，先渲染一下场景。设置渲染类型为 Blowup（放大），如图 12-3 所示。渲染摄影机视图，调整构图，如图 12-4 所示。单击 OK 按钮，开始渲染。这是一张只有 3ds Max 默认灯光的效果图，如图 12-5 所示。

图 12-3　设置 Blowup 选项

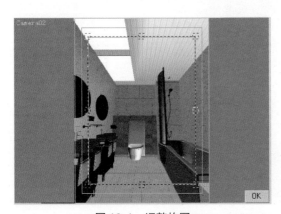

图 12-4　调整构图

图 12-5　渲染效果

按 F10 键打开 Render Scene 对话框，设置参数如图 12-6 所示。在 Simple Sky 选项组中 Color 后的数值框内输入 1.8，并单击色样，在弹出的 **Color Selector** 对话框中设置颜色为天蓝色。勾选 Enable（启用光线反弹）复选框，设（Bounces 光线反弹次数）为 6，Multiplier（一次光线倍增）为 1，Sec.Multiplier（二次光线倍增）为 1.2，勾选 Use Prepass（使用预处理）复选框，设 RH-Rays（随机半球光线）为 64，Max.Density（最大密度）为 30，Max/Min Ratio（最大 / 最小半径比例）为 3。

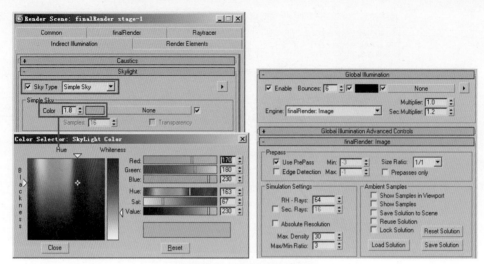

图 12-6　设置渲染参数

Step 05　进行测试渲染。finalRender 会先对场景预渲染一次，取得全局光照采样，然后再正式渲染，渲染效果如图 12-7 所示。由于顶灯使用了普通自发光材质，因此场景被这个材质照亮，产生了全局光照效果。

图 12-7　测试渲染效果

>
> [提示]　如果在 finalRender 选项卡 Information Stamp 卷展栏中勾选 Use 复选框，渲染结束后的图像上将会显示渲染器版本或模型面数、帧数等信息。用户可自行定义要显示哪几项参数。上图就是显示渲染器版本和帧数 / 对象数的效果。

Step 06　下面为这个场景创建灯光。在 Top 视图中创建一盏光度学自由点光源，放置在如图 12-8 所示的位置（顶棚处）。

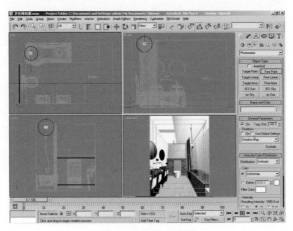

图 12-8 灯光位置

Step 07 在 Modify（修改）命令面板中设置参数如图 12-9 所示，设置光域网文件为 TD-002（本书配套光盘 \Maps\TD-002.ies）。

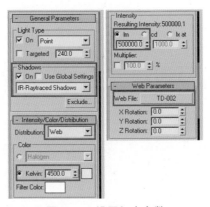

图 12-9 设置灯光参数

Step 08 按 F9 键进行测试渲染，效果如图 12-10 所示。

图 12-10 渲染测试

step 09 下面使用 finalRender 的灯光类型 CylinderLight（圆柱灯）为灯槽模拟暗藏光源。在 Create（创建）命令面板中选择 Lights（灯光）下的 finalRender 类型灯光中的 CylinderLight（圆柱灯），在马桶后墙内创建一盏圆柱灯，如图 12-11 所示。

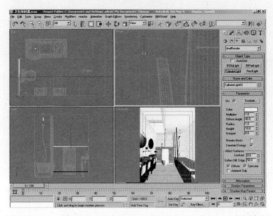

图 12-11 使用 finalRender 的 CylinderLight 圆柱灯

step 10 在 Modify（修改）命令面板中，设置参数如图 12-12 所示。

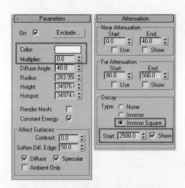

图 12-12 圆柱灯的参数设置

step 11 在 Front 视图中选择光源 CylinderLight01，以 Instance 方式复制一盏，命名为 CylinderLight02，位置如图 12-13 所示。

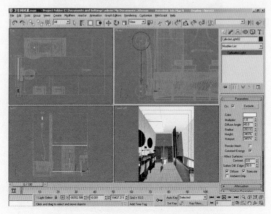

图 12-13 CylinderLight02 的位置

 再次渲染场景，效果如图 12-14 所示。

图 12-14　圆柱灯渲染效果

下面制作顶棚的主光，照亮场景。在顶棚建立一盏 Free Spot （自由聚光灯），设置参数如图 12-15 所示。这是半球形状的灯。

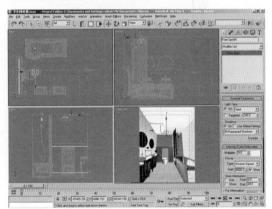

图 12-15　制作顶棚的主光

以 Instance 的方式复制多盏灯光，位置如图 12-16 所示。

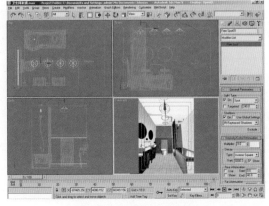

图 12-16　复制多盏灯光

Step 15 至此已经设置好全部的灯光，接下来要启用 finalRender 的全局光照对场景进行渲染。选择 Blowup 方式渲染摄影机视图。finalRender 首先对场景进行采样预览，然后再正式渲染，如图 12-17 所示。

图 12-17　采样预览与渲染效果

Step 16 接下来设置最终出图渲染参数。单击 F10 键打开 Render Scene 对话框，在 Output Size（输出大小）选项组中按自己需要设置图像大小，如图 12-18 所示。

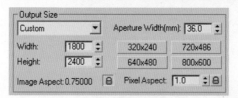

图 12-18　输出大小设置

Step 17 在 finalRender: Image 卷展栏中，取消对 Use PrePass（使用预处理）复选框的勾选，勾选 Reuse Solution（重用解决方案）复选框，勾选 Sec. Rays:（二次随机半球光线）复选框，设该参数为 16，如图 12-19 所示。这样本次渲染就不用再计算一次采样，而直接按上次的结果渲染。如果打算在以后合适的时候再最后出图，可以单击 Save Solution（保存解决方案）按钮保存这次的采样，下次渲染的时候单击 Load Solution（加载解决方案）按钮打开采样结果即可。

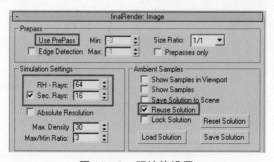

图 12-19　预渲染设置

渲染完成后，将图像保存，启动 Photoshop，按自己的想法对图像的色彩和对比度等做一些调整和修饰，效果如图 12-20 所示。

图 12-20　后期色调处理

至此就完成了结合 finalRender 光源的灯光设置和全局光照的参数设置。读者可以打开本书配套光盘 \Scenes\ 卫生间材质完成 .max 文件加以参考。下一节将就场景中几个 finalRender 高级材质的设置进行分析。

第 2 节　卫浴高级材质设置

重点提示

finalRender 渲染器自带了几种专用材质，用于专业的全局光照控制。本节将详细介绍 finalRender 渲染器几种高级材质（玻璃、不锈钢、镜子、抛光砖、墙面石材和大理石）的制作方法。

finalRender 渲染器自带的材质功能非常强大，不仅将目前其他渲染器所具有的高级材质都包括在内，而且参数容易理解，设置方便，渲染速度也非常快。如图 12-21 所示是本章卫浴空间场景中用到的高级材质，而这几个材质也是在室内设计中比较常用、比较有代表性的。用好这几种材质，就可以让室内效果图具有更强的真实感。

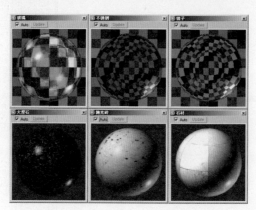

图 12-21　finalRender 高级材质

Step 01 打开本书配套光盘 \Scenes\ 卫浴.max 文件。场景中的材质已经被恢复为初始状态，如图 12-22 所示。

图 12-22　卫浴.max 文件

Step 02 按 M 键调出材质编辑器。选择第 1 个材质样本球，命名为"玻璃"。单击 Standard（标准）按钮，在弹出的材质 / 贴图浏览器中双击 fR-Glass（fR- 玻璃）材质，如图 12-23 所示。

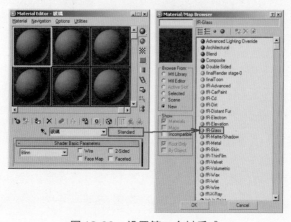

图 12-23　设置第一个材质球

Step 03 把 Reflection（反射）和 Refraction（折射）的颜色设置为 R=205，G=225，B=210，设置 IOR（折射率或反射率）为 2.5，Specular Level（高光级别）为 100，Glossiness（光泽度）为 50，如图 12-24 所示。

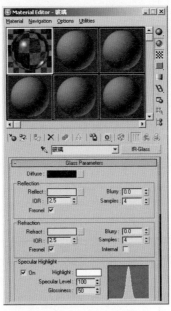

图 12-24 设置玻璃参数

Step 04 为了方便读者选择场景中的对象，本实例文件已经把要选择的对象成组并以中文命名，如图 12-25 所示。选择"玻璃"，赋予当前材质。此时的玻璃效果如图 12-26 所示。

图 12-25 选择玻璃对象

图 12-26 玻璃效果

Step 05 选择第 2 个材质球，命名为"不锈钢"，单击 Standard（标准）按钮，设置该材质为 fR-Metal（fR- 金属）材质，如图 12-27 所示。

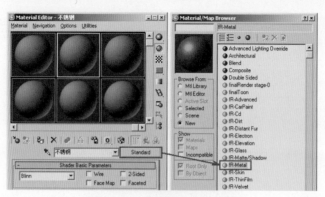

图 12-27   设置第 2 个材质球

 [提示] 可能有些读者会有些疑问，为何作者使用的 fR 开头的材质比自己使用的多了很多。这是因为除了少数几个 fR 材质（如本例中用到的金属和玻璃）以外，其他 fR 材质需要安装 finalShader 插件后才会出现。使用 finalShader 可以很容易地制作出真实感非常强的各种材质，它是 finalRender 另加的材质插件，需要另外安装。在下一章将会用到其中的几个材质。

06 设置金属材质参数如图 12-28 所示。金属材质的参数不多，几乎不需要改变。Diffuse（漫反射）默认是金色，这里把它设为黑色。设 Reflectivity（反射率）为 70，Specular Level（高光级别）为 150，Glossiness（光泽度）为 70。将该材质赋予场景中的不锈钢对象。此时不锈钢的渲染效果如图 12-29 所示。

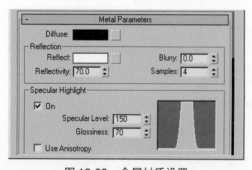

图 12-28   金属材质设置

图 12-29   不锈钢的渲染效果

07 选择"不锈钢"材质球，把它拖到第 3 个材质球上复制出一个，重命名为"镜子"。设置 Reflectivity（反射率）为 95，如图 12-30 左图所示。将该材质赋予场景中的镜子对象，渲染效果如图 12-30 右图所示。

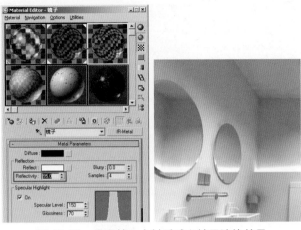

图 12-30　设置第 3 个材质球和镜子渲染效果

Step 08 选择一个空白材质球，命名为"抛光砖"。单击 Standard（标准）按钮，设置材质为 fR-Advanced（fR- 高级）材质。

Step 09 在 Diffuse（漫反射）贴图通道上加入一个 Bitmap（位图），选择本书配套光盘 \ Maps\baima.jpg 图像文件。设 Reflection（反射）为白色，Specular Level（高光级别）为 70，Glossiness（光泽度）为 50，如图 12-31 所示。

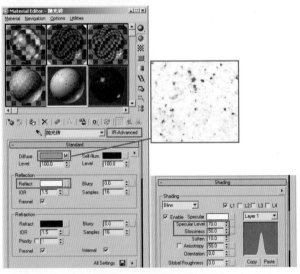

图 12-31　设置抛光砖材质

[注意] 这里 Fresnel（菲涅尔）复选框为勾选状态。菲涅尔反射是所有光滑非金属表面的光学特性。可以说现实世界中几乎所有物体都有反射属性。不过由于各个物质的构成不同会有不同的反射效果，不像镜子反射光线那样的方向一致，这就使得要使用更多复杂的参数调整。Blurry（模糊）参数用来表现对象表面存在大量细小的随机性起伏凹凸，导致反射光线模糊。

Step 10 为墙面对象赋予抛光砖材质，在Modify（修改）命令面板中为地面指定UVW Map（贴图坐标）修改器，单击Box（立方体）单选按钮，设置长、宽、高均为11500.0。

Step 11 渲染摄影机视图，此时的墙面效果如图12-32所示。

图 12-32　墙面渲染效果

Step 12 顶棚顶灯的发光体材质是一个自发光渐变材质，参数设置和渲染效果如图12-33所示。

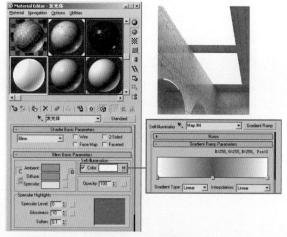

图 12-33　发光体材质

Step 13 大理石材质的参数和渲染效果如图12-34所示（贴图为本书配套光盘\Maps\黑色花岗岩.jpg）。

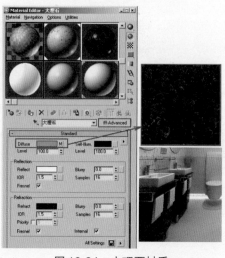

图 12-34　大理石材质

14 给毛巾设置不同颜色的普通材质。石材材质的参数和渲染效果如图 12-35 所示（贴图为本书配套光盘 \Maps\wal156L.jpg）。

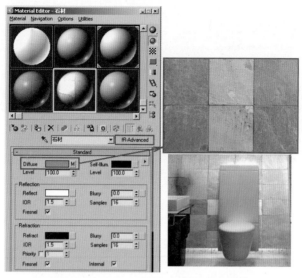

图 12-35　石材材质的参数和渲染效果

15 设置陶瓷和地砖材质的参数如图 12-36 所示（贴图分别为本书配套光盘 \Maps\ 白色抛光砖.jpg 和 871234-H-st-002-embed.jpg）。

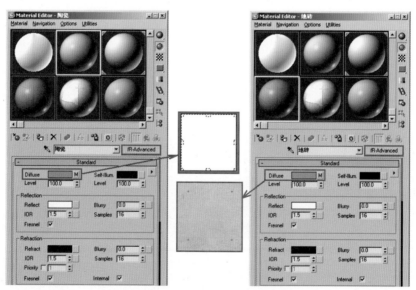

图 12-36　陶瓷和地砖材质

16 进行最终场景渲染，效果如图 12-37 所示。至此这个场景的制作就告一段落。读者可以渲染自己制作的材质，看最终效果和本书的原图有何分别。

[finalRender渲染传奇]

图 12-37　最终效果

　　材质和灯光的参数设定是本实例的重点。以上参数的调试是反复实验后采用的参数，这里为了节约篇幅省去了中间的调试过程。读者有时间可以多调试参数，观察有什么不同的效果，了解各个参数的作用，方便以后在其他场景中进行应用。

第 13 章　酒店休息厅

Lightscape VRay finalRender

本章将通过制作一个酒店休息厅的场景，帮助读者加强对 finalRender 渲染器
的理解，进一步掌握其在室内设计中的运用技法。同时，本章将对 finalShader
高级材质（釉面、陶瓷等）以及灯光特效的设置进行练习。

第1节　材质设置

重点提示

　　finalShader 是 finalRender 渲染器的高级材质插件，通过它可以制作出多种真实感极强的材质。本节将进一步了解 finalRender 在室内设计中的运用技巧，深入学习各种 finalRender 材质的设置方法。

打开本书配套光盘 \Scenes\ 休息厅.max 文件，如果弹出系统单位设置的对话框，单击 Adopt the File's Unit Scale（采用文件的单位）单选按钮即可。这是一个休息厅的场景，模型已经全部建好，并且建模的时候已经分类赋好材质，如图 13-1 所示。

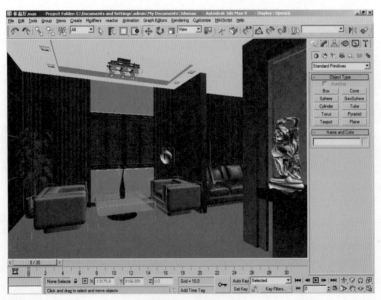

图 13-1　休息厅场景

Step 02　选择摄影机视图，渲染场景，效果如图 13-2 所示。在没有放置灯光的情况下，场景采用 3ds Max 默认放置的两盏灯光进行渲染。效果图中的地面、装饰立面和沙发的材质还只是简单颜色。

图 13-2　场景渲染效果

Step 03　按 M 键打开材质编辑器，选择一个空白材质球，用吸管工具从场景中的地面上吸取到材质，将这个材质设为 fR-Advanced（fR- 高级）材质，为 Bump（凹凸）贴图通道加入 Tiles（平铺）程序贴图，如图 13-3 所示。

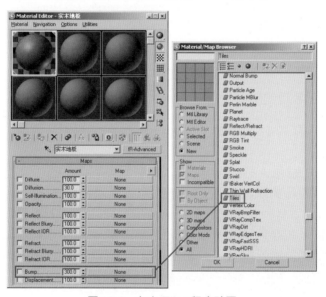

图 13-3　加入 Tiles 程序贴图

Step 04　Tiles 程序贴图 Standard Controls（标准控制）卷展栏中的 Patten Setup（样式设置）选项组中提供了一些程序已经定义好的平铺类型，可以直接按需要选用，这里选择 Running Bond 方式。Advanced Controls（高级控制）卷展栏中的几项参数，Tiles 指主体部分，也就是地板凸起部位，将其设置为白色；设 Horiz Count 和 Vert Count 为 10，Fade Variance 为 0；Grout 是地板之间连接的缝隙，将其设置为黑色。因为地板为 1：5 的长条形，打开下方 Horizontal Cap 和 Vertical Cap 的比例锁，分别设为 0.001 和 0.005。在 Coordinates（坐标）卷展栏中，设 U、V 平铺次数为 0.1，Blur 为 0.5，使缝隙边缘显得硬一点，如图 13-4 所示。

Step 05 设置Bump（凹凸）贴图通道的Amount（数量）为300，并将其复制到Diffuse（漫反射）贴图通道。单击Diffuse贴图通道的长按钮，展开Tiles的 **Advanced Controls** 卷展栏，将Color Variance和Fade Variance都设为0.3，使每块地板有轻微的色差，符合天然木材的特点。将Coordinates（坐标）卷展栏中的Blur值恢复回1.0，单击Tiles Setup选项组中Texture的贴图通道，指定本书配套光盘1\Maps\WW-097.jpg作为地板木纹贴图。设Coordinates卷展栏中的U、V向平铺分别为0.2和0.1，勾选Mirror（镜像）复选框并旋转90°。现在木纹贴图太亮，展开 **Output**（输出）卷展栏，勾选Enable Color Map（启用颜色贴图）复选框，移动曲线右边顶点到0.35的位置，如图13-5所示。最后单击Show Map in Viewport按钮，在场景中显示纹理贴图。

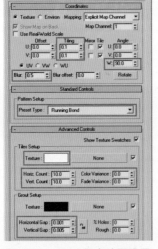
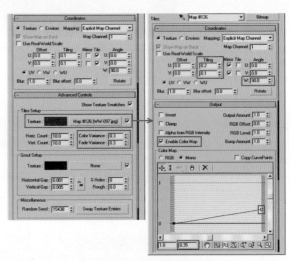

图13-4 Tiles程序贴图设置　　　　　图13-5 Bump凹凸设置

Step 06 接下来回到父级材质，将Reflection（反射）设置为白色，使地板有反射属性。将Blurry（模糊）设为30，此参数能使反射出现模糊，不过渲染时间会翻倍。下方的Samples（采样）参数值越高，图像越细腻，默认16可以满足出图要求，这里不必改变它。勾选Fresnrl（菲涅尔）复选框。如果现在就渲染，地板缝隙也会反射，会出现很假的反射高光。展开Maps卷展栏，将Bump（凹凸）贴图通道上的Tiles程序贴图拖动到Reflect（反射）贴图通道上，选择Copy（克隆）方式进行复制，如图13-6所示。

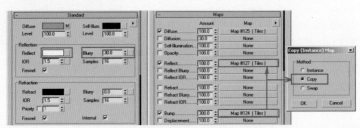

图13-6 Reflect反射贴图设置

进入反射贴图通道，将 Coordinates（坐标）卷展栏中的 Blur（模糊）设为 1.0，加大 Grout Setup 缝隙，设 Horizontal Gap 为 0.01，Vertical Gap 为 0.05。返回父级材质，设置 Specular Level（高光）为 40，Glossiness（光泽度）为 30，Send（发送）为 3，加大在全局光照时光线的反弹强度，如图 13-7 所示。

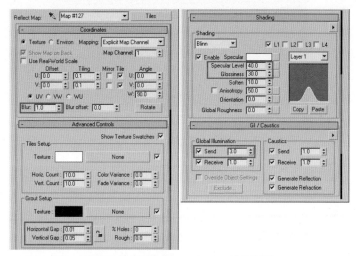

图 13-7　加大 Grout Setup 缝隙设置

在 （修改）命令面板中给地面对象添加 UVW Map 修改器，设置参数如图 13-8 所示。

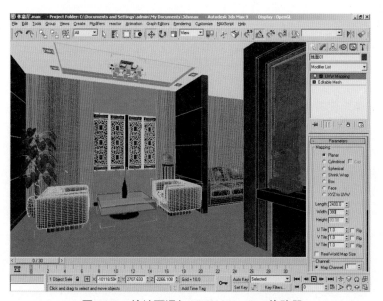

图 13-8　给地面添加 UVW Mapping 修改器

现在进行一次测试渲染，结果如图 13-9 所示。

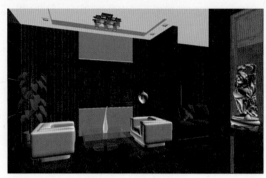

图 13-9　测试渲染

虽然地面已经具备了地板材质的特性，但是由于场景的灯光没有阴影，所以立体感不是很强，如果加入灯光，在全局光照下渲染出来的效果一定是非常逼真的。接下来继续设置其余的材质，为了调试的时候提高渲染速度，按 F10 键打开 Render Scene 对话框，在 final Render 选项卡的 Global Options 卷展栏中暂时取消 Blurry Reflect/ Refract（反射 / 折射模糊）复选框的勾选，如图 13-10 所示。

图 13-10　关闭反射 / 折射模糊

按 M 键打开材质编辑器，选择第 2 个材质球，用吸管工具从场景中的沙发上吸取出沙发材质。

>
> [提示]　下面将用到 finalRender 的 finalShader 高级材质插件（需要单独安装）。finalShader 的最新版本为 R2，安装后会增加十几种比较常用的特性材质，大大提高制作效率。没有安装该插件的读者可以略过沙发材质的制作，继续后面的练习，只是最后的渲染效果会有点不同。

单击 Standard 按钮，设置材质为 fR-DistantFur 材质，这是用来模仿被无数细小的绒毛所覆盖的对象表面的材质。

> ✦
> [注意]　该材质不是要渲染出成千上万的细小的绒毛，它只是模拟出这类材质表面的灯光效果，使对象表面看上去就好像有成千上万的绒毛覆盖着。

这个材质有点复杂，在开始制作前首先来简单介绍一下各个参数的含义。

Fur Parameters（毛发参数）选项组；

Fur Multiplier：毛发的强度；

Diffuse：毛发的漫反射区颜色或纹理；

Specular：毛发的高光颜色；

Level：毛发的高光级别；

Glossiness：毛发的光泽度；

Reflect：毛发对光线的反射程度；

Transmit：光线穿透毛发的数量；

Density：毛发的密度；

Diff Soften：用于软化毛皮照明的阴影的软化程度，值越大越光滑；

Min/Max：控制产生阴影的范围；

Shadowing：控制毛发自身的阴影；

Hair Bending（毛发弯曲）选项组；

Samples：进行光照计算的毛发数量；

Amount：毛发的弯曲程度，可以参照右边的曲线示范窗；

Curvature：毛发的弯曲程度，可以参照右边的曲线示范窗；

Dir：毛发在对象坐标系中弯曲的方向，通过贴图可以得到更自然的弯曲变化；

Skin Parameters（表皮参数）选项组；

Skin Multiplier：表皮的照明度；

Diffuse：表皮层的漫反射颜色；

Specular：表皮层的高光颜色；

Level：表皮层的高光级别；

Glossiness：表皮层的光泽度。

Step 13 首先给 Diffuse（漫反射）贴图通道加入原来那张布料贴图（本书配套光盘1\Maps\布料01.jpg）。设 Specular（高光）为白色，Glossiness（光泽度）为20，Transmit（光线穿透）为40，Diff Soften（阴影软化）为20，Density（密度）为300，Shadowing（自身阴影）为30。在 Hair Bending 选项组中，设 Amount（数量）为45，Dir（Direction）X 为0，Y 为-50，Z 为-50。将 Diffuse 颜色设置为 R=225，G=165，B=160，设 Level（强度）为60，如图13-11所示。展开下方的 **Maps** 卷展栏，将 Diffuse 贴图通道上的贴图（布料01.jpg）复制到 Bump 贴图通道上，并设 Amount 为300。

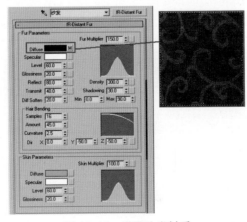

图13-11　设置沙发材质

[finalRender渲染传奇]

此时的渲染效果如图 13-12 所示。

图 13-12　沙发渲染效果

Step 14　下面设置吊灯的自发光材质。用吸管工具吸取吊灯的材质，设置 Diffuse 贴图为本书配套光盘 \Maps\304253-011-embed.jpg。自发光材质选择 Gradient（渐变）贴图，如图 13-13 所示。

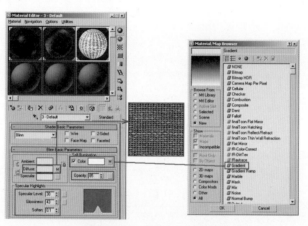

图 13-13　设置自发光贴图

Step 15　在 Gradient（渐变）贴图的参数面板中设置自发光的渐变贴图为本书配套光盘 \Maps\304253-011-embed.jpg，并设置不同的发光度，如图 13-14 所示。

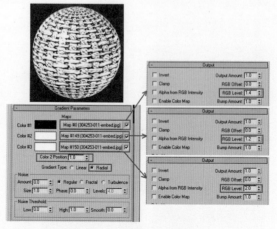

图 13-14　设置发光度渐变

Step 16 将该材质赋予灯头，此时灯的材质制作完毕，材质效果如图 13-15 所示。

图 13-15　吊灯效果

　　要表现出真实的质感，仅仅依靠调整材质参数是不够的，还需要整个场景灯光的配合。像不锈钢和玻璃这类反射折射材质，还需要周围环境的衬托才能表现出质感。所以效果图制作是先设置材质还是先放置灯光是要随情况而变的。下面开始给场景放置灯光，在灯光的影响下，对材质做进一步的细化修改。

第 2 节　灯光设置

重点提示

　　本节将进一步了解final-Render 渲染器中灯光的高级设置，控制室内整体照明效果。本例中包括了室内最常用的筒灯、射灯、顶棚灯槽和筒灯的制作方法。

Step 01 在 Top 视图中创建一盏泛光灯（Omni），位于场景中吊灯的位置。设 Light Type（灯光类型）为 Spot（聚光灯），选择 Shadow Map（阴影贴图）模式，设 Multiplier（倍增）为 9，颜色为暖色，并设置适当的衰减，如图 13-16 所示。

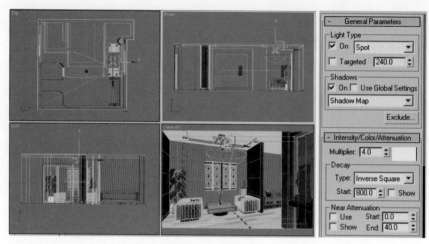

图 13-16　创建灯光

Step 02 将该灯光复制多盏（Instance 方式），放置在如图 13-17 所示的位置。

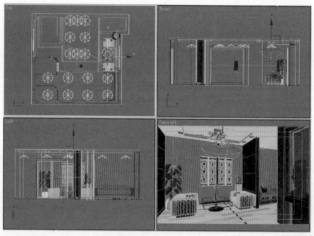

图 13-17　复制光源

Step 03 下面测试一下灯光效果。按 F10 键打开 Render Scene 对话框，勾选 Enable（启用光线反弹）复选框，设 Bounces（光线反弹次数）光线反弹次数为 6，勾选 Use Prepass（使用预处理）复选框，设 RH-Rays（随机半球光线）为 64，勾选 Sec.Rays 复选框，设置该参数为 16。设 Max. Density（最大密度）为 30，Max/Min Ratio（最大／最小半径比例）为 3。设 Balance（平衡度）和 Curve Balance（曲面平衡度）为 0，以加快测试的渲染速度，在最终渲染时再恢复到原来数值。设 Level of Detail（细节级别）选项组中的 Amount（数量）为 10，Start（开始）为 5000mm，如图 13-18 所示。Start 参数用来减少远处的采样计算，减少画面远景的细节，从而加快渲染速度。读者可以酌情使用。

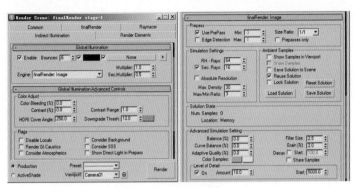

图13-18 渲染设置

04 设置渲染图象尺寸为640×480，选择摄影机视图开始渲染，在打开了全局光照的情况下真实感大大加强了，效果如图13-19所示。

图13-19 渲染结果

05 继续设置射灯。使用Photometric（光度学）灯光，单击Free Point（自由点光源）按钮，在Top视图中创建灯光，选择Shadow Map（贴图阴影）阴影模式，在Distribution下拉列表中选择Web，在 Web Parameters 卷展栏中设置光域网文件为本书配套光盘\Maps\ERCO.IES文件。设Kelvin为4500，亮度为3000cd，Size为256，如图13-20所示。

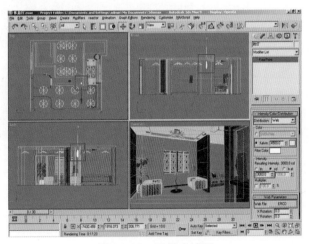

图13-20 设置光域网

Step 06 在 Top 视图中使用 Copy 方式复制出多盏射灯，位置如图 13-21 所示。

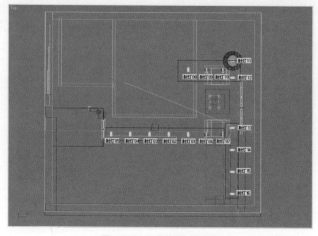

图 13-21　复制多盏射灯

Step 07 单击菜单栏中的 Tools>Light lister 命令，打开灯光列表，在这里设置射灯的亮度如图 13-22 所示。

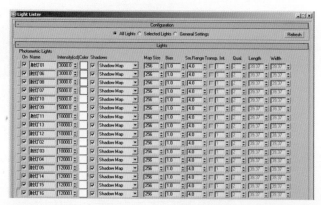

图 13-22　射灯亮度设置

Step 08 渲染场景，效果如图 13-23 所示。图像顶部左边出现色块，这是因为把 Balance（平衡度）和 Curve Balance（曲面平衡度）设置为 0，而导致那里采样分布不足。在最后渲染时恢复为原来的参数值，问题就会解决。

图 13-23　渲染效果

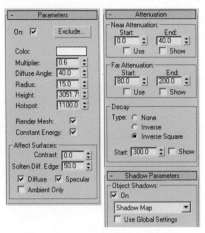

图 13-24　圆柱灯参数设置

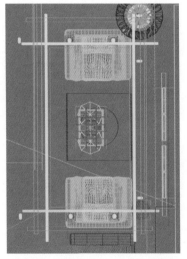

图 13-25　排成"井"字型的圆柱灯

图 13-26　测试渲染结果

Step 09 下面设置灯槽的灯管。在场景中创建一盏 Cylinder Light（圆柱灯），参数设置如图 13-24 所示。

Step 10 将 CylinderLight01 复制出 3 盏，排成"井"字型放置在顶棚吊顶的灯槽里，如图 13-25 所示。

Step 11 进行测试渲染，此时的效果如图 13-26 所示。

第3节 灯光特效

重点提示

    本节将在 Environment and Effects（环境和效果）对话框中对finalRender渲染器的灯光进行 Lens Effects（镜头效果）设置，通过 Glow（光晕）和 Ring（光环）的添加，使射灯和筒灯产生真实的镜头光斑。

Step 01 观察刚才渲染的场景，此时的光照效果非常真实，但是细心的读者可能会发现灯具没有镜头光斑。而在实际场景照片中，灯光会在照片上留下镜头光斑。接下来将使用3ds Max 模拟这种镜头光斑特效。

Step 02 按 8 键打开 Environment and Effects（环境和效果）对话框，进入 Effects 选项卡，单击 Add 按钮，增加 Lens Effects，如图 13-27 所示。在 Name（名称）文本框中输入"射灯特效"。

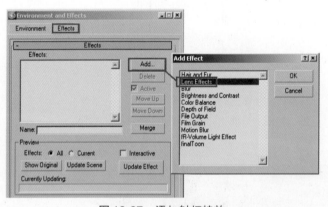

图 13-27　添加射灯特效

Step 03 选择 Glow（光晕）和 Ring（光环）两个特效，单击 > 按钮，将其增加到效果区。将 Angle（角度）设置为90°，单击下方的 Pick Light（拾取灯光）按钮，按 H 键打开 Pick Object 对话框，选中所有射灯，然后单击 Pick 按钮，如图 13-28 所示。

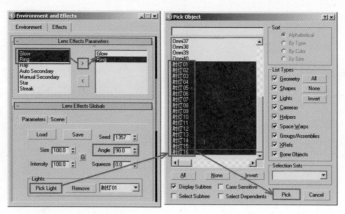

图 13-28　选择 Glow 和 Ring 特效

Step 04 再次单击 Add 按钮，增加 Lens Effects。设置 Name 为"筒灯特效"，如图 13-29 所示。

Step 05 选择 Glow（光晕）和 Ring（光环）两个特效，单击 ▶ 按钮，将其增加到效果区。将 Angle（角度）设置为 90°，单击下方的 Pick Light（拾取灯光）按钮，按 H 键打开 Pick Object 对话框，选中所有泛光灯，然后单击 Pick 按钮。

Step 06 按 F10 键打开 Render Scene 对话框，取消 Prepass（预处理）选项组中的 Use PrePass 复选框的勾选，勾选 Reuse Solution 复选框，如图 13-30 所示。这样 finalRender 就会直接使用前一次计算的全局光照采样，而不用再计算一次。

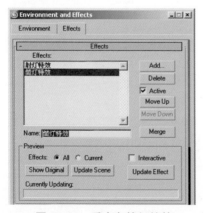

图 13-29　重命名筒灯特效

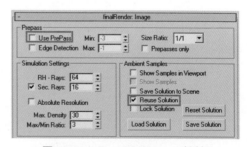

图 13-30　Render Scene 对话框

Step 07 使用 Glow（光晕）和 Ring（光环）默认的参数进行渲染，查看效果。选择摄影机视图，然后单击 Effects 选项卡中的 Update Effect（更新特效）按钮开始渲染，如图 13-31 所示。

Step 08 渲染结束后，特效自动加入画面里。此时因为使用默认参数，画面效果非常不真实，如图 13-32 所示。

图 13-31　单击 Update Effect 按钮

图 13-32　默认参数的渲染效果

> **Step 09** 在 Effects 选项卡中，设射灯特效下 Glow 的 Size（光晕尺寸）为 1，Intensity（强度 / 亮度）为 10，Occlusion（阻光）为 20。将 Radial Color（反射颜色）分别设定为黄色和红色，如图 13-33 所示。

> **Step 10** 单击下方的 Size Curve（曲线尺寸）按钮，参照图 13-34 所示，使用增加点工具和移动工具调整其曲线，制作出五角辉光的效果。

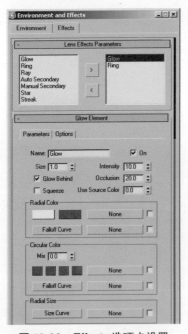

图 13-33　Effects 选项卡设置

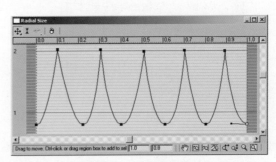

图 13-34　设置光晕效果

> **Step 11** 选择射灯特效的 Ring（光环），设 Size（尺寸）为 0.1，Intensity（强度 / 亮度）为 20，设 Radial Color（反射颜色）的开始颜色为白色，结束颜色为黑色，如图 13-35 所示。改动参数的过程中可随时单击 Effects 选项卡中的 Update Effect（更新特效）按钮，观察改变参数后渲染图像的变化。

Step 12 继续在 Effects 选项卡中，设置筒灯特效 Glow 的 Size 为 1，Intensity（强度／亮度）为 5，设置 Radial Color（反射颜色）的开始颜色为 R＝255，G＝250，B＝205，结束颜色为 R＝140，G＝90，B＝0，如图 13-36 所示。

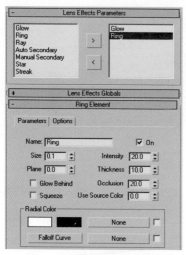

图 13-35　设置 Ring 参数

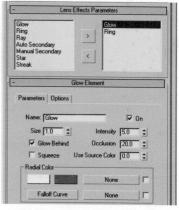

图 13-36　设置筒灯特效的参数

Step 13 单击 Size Curve（曲线尺寸）按钮，使用增加点工具和移动工具调整其曲线如图 13-37 所示。

Step 14 选择筒灯特效的 Ring（光环），设置 Size（尺寸）为 0.0，Intensity（强度／亮度）为 30，Radial Color（反射颜色）的结束颜色为黑色，如图 13-38 所示。

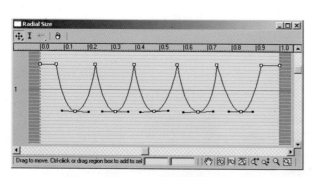

图 13-37　调整曲线

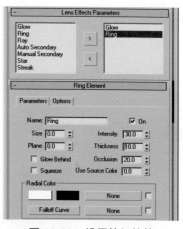

图 13-38　设置筒灯特效

Step 15 单击 Effects 选项卡的 Update Effect（更新特效）按钮，渲染图像很快得到更新，而不需要重新渲染。特效更新结果如图 13-39 所示。

图 13-39　更新后的渲染效果

第4节　高级材质

重点提示

　　本节学习finalRender的高级
材质，包括陶瓷釉面、工艺品雕
像、玻璃茶几等材质的参数调节
方法。

STEP 01　打开材质编辑器，用吸管工具吸取场景右侧雕像的材质，这是一个3ds Max标准材质，如图13-40所示。

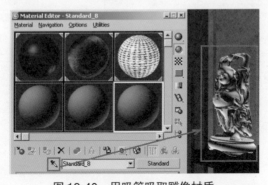

图 13-40　用吸管吸取雕像材质

单击 Standard（标准）按钮，将它设置为 fS-Wet 材质，这是用来模仿釉面的材质。设置参数如图 13-41 所示。 雕像的渲染效果如图 13-42 所示。

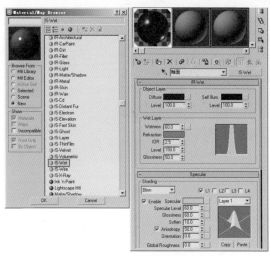

图 13-41　设置雕像材质 　　　　　　　图 13-42　雕像的渲染效果

下面制作陶罐的材质。用吸管吸取沙发旁边的陶罐材质，这是一个 3ds Max 标准材质，如图 13-43 所示。

单击 Standard（标准）按钮，将它设置为 fR-Wet 材质，给 Diffuse 贴图通道加入位图贴图（本书配套光盘 \Maps\28853969.jpg），设置参数如图 13-44 所示。

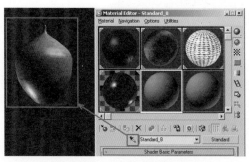

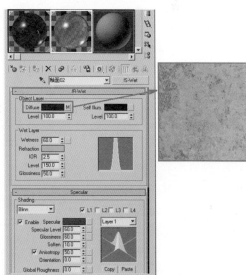

图 13-43　用吸管吸取陶罐材质 　　　　　　图 13-44　设置陶罐材质

陶罐的渲染效果如图13-45所示。

图 13-45　陶罐的渲染效果

Step 05 设置茶几的玻璃材质参数如图 13-46 所示。

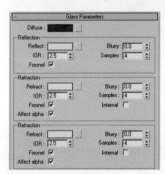

图 13-46　设置玻璃材质

此时的渲染结果如图 13-47 所示。

图 13-47　玻璃渲染效果

Step 06 按 F10 键打开 Render Scene 对话框，勾选 Reuse Solution 复选框，取消 Use PrePass 复选框的勾选，将下方 Balance 和 Curve Balance 两个参数值恢复到 83 和 70，如图 13-48 所示。然后以 1024×768 的输出画面尺寸进行渲染。

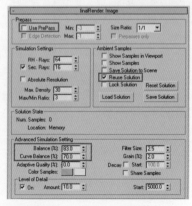

图 13-48　渲染画面输出设置

最终渲染效果如图 13-49 所示。

图 13-49　最终渲染效果

07 最后给画面加上柔光效果，使画面的光感更强。通常这一步用户都会在 PhotoShop 中复制一个图层，模糊、扩散高光，再使用柔光或屏幕方式覆盖在上面，这样做效果不是很真实。本例将直接在 3ds Max 中使用 Blur 特效制作这种效果。按 8 键打开 **Environment and Effects** 对话框，进入 Effects 选项卡，单击 Add 按钮，选择 Blur（模糊），在下面的 Blur Type（模糊类型）选项卡中，设 Uniform（统一）为 5.0 Pixel Radius（像素半径）%。在 Pixel Selections（像素选择）选项卡中，取消 Whole Image（整个图像）复选框的勾选，勾选 Luminance（亮度）复选框，降低 Brighten%（加亮）值至 50，降低 Blend%（混合）值至 30，增加 Min%（最低亮度）值至 90，减少 Feather Radius%（羽化）值至 5，如图 13-50 所示。

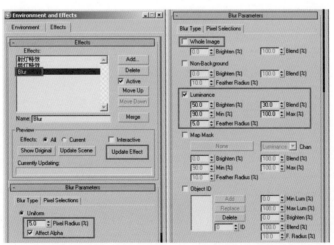

图 13-50　Environment 设置

08 单击 Effects 选项卡中的 Update Effect（更新特效）按钮，更新结果，效果如图 13-51 所示。

[finalRender渲染传奇]

图 13-51   更新结果

Step 09 在确认没有问题后，改变渲染输出尺寸，并指定一个保存文件，勾选 Blurry（模糊反射）复选框和 Reuse Solution 复选框，进行最终成品渲染。本实例的最终模型文件为本书配套光盘 \Scenes\ 休息厅最终.max 文件，读者可以打开和自己制作的场景进行对照。

　　本实例介绍了 finalRender 全局光照和材质，包括部分 finalShader 高级材质在室内效果图制作中的运用技巧。通过以上 3 个实例的练习，读者对 finalRender 渲染器的灯光、材质及渲染设置方法的掌握应该达到了一个比较高的水平。finalShader 插件提供了种类丰富的材质，读者可以在实践中多积累经验，探索各种参数的设置技巧，制作出更加具有个性和真实感的场景。

附 录

Lightscape VRay finalRender

在效果图制作过程中，有许多细节设置能够促进工作效率的提升，如在 3ds Max 中使用自建材质库、设置顺手的快捷键等。在使用 Photoshop 进行图像的后期处理时，锐化是最常用的技术，其目的是改善图像色彩饱和度或锐利度不够的现象（画面发灰）。下面将就这些方法和技巧进行简略说明。

附录 1 专业 Photoshop 后期处理方法

附录 1-1 基本锐化技术

进行后期处理时使用的普通相机或数码相机拍摄出来的素材图像，在很多时候会出现图像不清晰的情况，可能是由于拍摄时相机抖动、镜头成像质量不好或气候的影响等。这时就需要对当前图像进行一些基本的锐化处理。锐化的目的主要有两个，一是恢复图像在色彩校正过程中损失的部分细致纹理；二是修复图像中轻微的对焦不准现象。Photoshop 提供了许多图像锐化滤镜和命令，帮助解决图像模糊的问题。

在 Photoshop 中，不但可以很方便直接地使用一道命令对图像进行锐化处理，而且可以使用多重组合命令对图像进行锐化处理。这两种方法各有各的特点。第一种直接锐化的方法使用起来方便快捷，但容易在画面中产生彩色杂点，从而降低图像质量；而使用第二种方法对图像进行锐化后，整个画面的效果柔和、过渡协调，但操作复杂，工作效率比较低。

在 Photoshop 中，基本的锐化操作通常是指对当前图像直接使用 USM 锐化滤镜，从而达到锐化的目的。USM 锐化滤镜是在 Photoshop 中对图像进行直接锐化处理时使用最为频繁的工具，该滤镜给用户提供了最大的调节范围，锐化效果的可调节性相当高。

Step 01 在 Photoshop 中打开一幅需要进行锐化的图像，如图 A1-1 所示。 这幅图是通过一系列的图像处理操作后得到的，图像中的主题物色彩过灰。

图 A1-1 原始图像

Step 02 单击菜单栏中的 "滤镜>锐化>USM 锐化" 命令，在弹出的 **USM 锐化** 对话框中设置 "数量" 为 180、"半径" 为 0.6、"阈值" 为 0，如图 A1-2 所示。

图 A1-2   USM 锐化参数设置

◆ 数量：该参数典型的设置范围通常在 50%～150% 之间，但并不是一成不变的。如果"数量"的数值低于 50%，锐化效果会过于微弱而无法观察，而数值超过 150% 时，效果可能会过于强烈，而使图像效果过火（这一点还取决于半径和阈值参数的大小）。一般情况下，数量的取值范围只要不超过 150%，锐化就不会引起任何问题。

◆ 半径：多数情况下，它的取值被设为 1 像素，但有时也将其设置为 2 像素。半径值的大小直接影响到锐化像素的范围，范围越大，锐化效果就越难控制。半径的取值大小与产生的效果之间还有一定的关系，半径小的时候，效果为增强锐度；而半径大的时候，效果为增强对比度。随着半径的变化，效果可以从增强锐度到增强对比度均匀变化。

◆ 阈值：该参数最安全的设置在 3～20 之间（取值为 3 的时候，效果最显著；而取值为 20 时，效果最不明显）。为了强调锐化的效果，也常将该值设为 0。

Step 03 单击"好"按钮，当前图像被锐化了，效果如图 A1-3 所示。

图 A1-3   锐化效果

Step 04 将锐化后的图与最初的图进行对比，前者图像中主体物的清晰度高多了，如图 A1-4 所示。

图 A1-4 锐化前后的对比效果

 [提示] USM 锐化是一种基本的锐化技术，在 **USM 锐化** 对话框中，"数量"参数的大小决定应用给图片的锐化量；"半径"参数的大小决定锐化处理将影响到边界之外的多少个像素；"阈值"参数的大小决定一个像素与被当成一个边界并被滤镜锐化之前其周围区域必须具有的差别。

　　这种基本的锐化技术在通常的图片处理中常常被快速地运用，以提高工作效率。在实际的操作中，只要能够针对图片的应用范围进行正确的把握，合理地设置 USM 参数值，就会在很短的时间内取得很好的效果。

　　打开一副需要锐化的图像，该图像中，窗户和家具的边缘轮廓比较柔和。对其进行 USM 锐化操作，在 **USM 锐化** 对话框中设置"数量"为 1.50，"半径"为 2.0，"阈值"为 10，此时可在预览框中看到图中物体边缘轮廓变清楚了，锐化前后的效果如图 A1-5 所示。

图 A1-5 锐化前后的对比效果

[提示] 一般情况下，当图片主体（如人物、动物、花、草等）轮廓比较柔和时，使用 USM 锐化方式，获得的效果非常好。这一锐化技术非常适合处理主体物柔和的图像。

　　如果图片有轻微虚化，在对其进行锐化时通常需要将 USM 锐化参数设置得大一点，以破除虚化，取得较为清晰的效果。

　　打开一张具有虚化问题的图像，对该图像进行 USM 锐化操作，在 **USM 锐化** 对话框中设置"数量"为 65，"半径"为 8.0，"阈值"为 3，预览框中的图像变清楚了，锐化前后的效果如图 A1-6 所示。

图 A1-6　锐化前后的对比效果

　　USM 锐化技术不仅能够有效解决图像模糊的问题，也可用于包含许多明显边界的图片上，如以汽车、楼房等为主题的图片，用来强化对象边缘轮廓。

　　在浏览网页时，常常看到一些色彩搭配很协调、构图很完美的图片，但下载下来一看，却是模糊不堪。这时候就更需要对其进行锐化处理了。如图 A1-7 所示是从网络上下载下来的图片，对该图片进行 USM 锐化操作，在 **USM 锐化** 对话框中设置"数量"为400，"半径"为 1.5，"阈值"为 0，单击"好"按钮，此时可看到图片变清楚了，如图 A1-8 所示。

图 A1-7　原始图像　　　　　　　　图 A1-8　锐化后的图像

附录 1-2　精通锐化技术

　　按照附录 1-1 中给图像素材添加锐化滤镜的方法，可以直接对素材进行锐化。但是直接添加锐化滤镜有时会造成过度锐化，在图像上产生一些马赛克痕迹，对比图 A1-9～图 A1-11 所示的 3 幅图。

　　图 A1-9　原始图像

　　图 A1-10　适当锐化

图 A1-11　锐化过度

　　Photoshop 中的 USM 是一个很灵活的锐化工具，除了可以完成一半的锐化边缘工作外，还能够提高图像的对比度、锐度，避免雾蒙蒙的感觉。但是，显而易见，单独对图像施加 USM 锐化滤镜进行图像清晰处理时，往往会出现一些不尽人意的效果。而将 USM锐化滤镜与其他功能命令结合运用，可以避免这些效果的产生。

　　通常情况下，图像的锐化包括亮度锐化、色彩锐化、边界锐化和图层锐化等方面。下面分别对亮度锐化、色彩锐化和边界锐化技术的技巧与操作步骤进行介绍。

附录 1-3　亮度锐化技术

　　亮度锐化技术是一种很受专业人员欢迎的技术，这种锐化技术的优点就在于它的锐化效果是针对图像的明度关系，而非颜色关系。

Step 01　在 Photoshop 中打开一幅需要进行亮度锐化的图片，如图 A1-12 所示。这幅图像整体效果偏灰暗，而且图像的主体内容不够突出。

图 A1-12　原始图像

Step 02 当前图像色彩模式为 RGB，保持该色彩模式不变，单击菜单栏中的"滤镜＞锐化＞ USM 锐化"命令，在弹出的对话框中设置参数，如图 A1-13 所示。

Step 03 参数设定完毕后单击"好"按钮，然后单击菜单栏中的"编辑＞消褪 USM 锐化" 命令，在弹出的对话框中设置参数，如图 A1-14 所示。

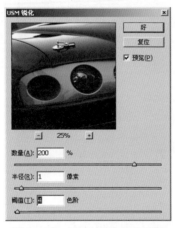

图 A1-13　USM 锐化参数设置　　　　图 A1-14　消褪参数设置

Step 04 单击"好"按钮，此时图像的锐化操作只应用给图像的亮度，而不会影响图像的颜色数据，如图 A1-15 所示。

图 A1-15　执行消褪锐化的效果

[注意] Photoshop 中的"消褪"命令是针对滤镜设计的,在对图像进行滤镜处理后,可以通过"消褪"命令调整和修改滤镜对图像作用的强度和效果。需要注意的是"消褪"命令必须紧跟在滤镜命令的操作之后执行,它们之间不能有任何操作介入,否则"消褪"命令将不可用。

附录1-4 色彩锐化技术

对于专业的摄影师而言,如果图像的色彩关系不够明确,就需要对其进行处理,而在色彩的处理中常常出现光环等现象。通过色彩锐化技术,可以有效地调整图像的颜色对比。

Step 01 在 Photoshop 中打开一幅需要进行色彩锐化处理的图像,如图 A1-16 所示。由于海面反光很强烈,所以图像中海面色彩关系比较模糊。

图 A1-16　原始图像

Step 02 单击菜单栏中的"图像>模式>Lab 颜色"命令,将当前图像的色彩模式转换成 Lab 色彩模式。在通道控制面板中,可以看见当前图像的通道只剩下 4 个了,如图 A1-17 所示。通过将图像的色彩模式切换为 Lab 色彩模式,可以将图像的细节信息与颜色信息分离开。

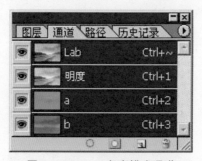
图 A1-17　Lab 色彩模式通道

[注意] 在通道控制面板中的通道有 Lab、明度、a 和 b 4 个通道，其中明度通道包含了图像的亮度和细节信息。

Step 03 在通道控制面板中单击明度通道，用矩形选框工具框选海面（可将"羽化"值调为 20）。再单击菜单栏中的"滤镜>锐化>USM 锐化"命令，在弹出的对话框中设置参数，如图 A1-18 所示。

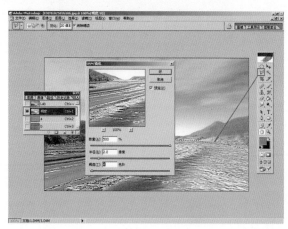

图 A1-18　USM 锐化参数设置

Step 04 在锐化了明度通道中的图像后，再单击菜单栏中的"图像>模式>RGB 颜色"命令，将图像的颜色模式转换回 RGB 模式。这样，图像的颜色锐化就完成了，两幅图的画面对比效果如图 A1-19 所示。

图 A1-19　锐化前后的对比效果

附录 1-5　边界锐化技术

边界锐化技术是一种对图像中主体对象的轮廓进行锐化的技术。这种锐化技术无需运用锐化滤镜。

Step 01 在 Photoshop 中打开一幅需要进行边界锐化的图像，如图 A1-20 所示。下面将强化一下图像里面所有对象的边缘。

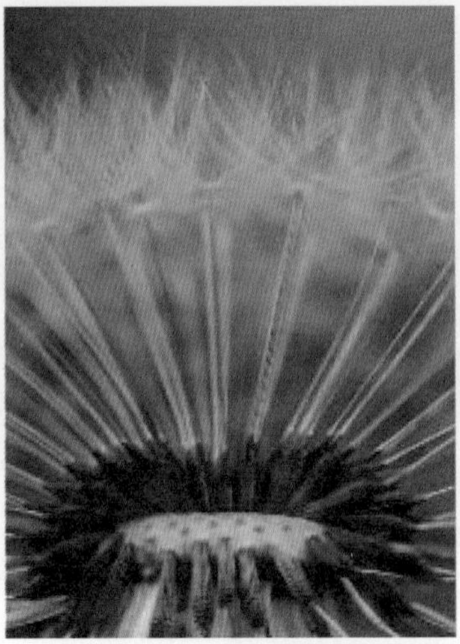

图 A1-20 原始图像

Step 02 选择图层控制面板，按 Ctrl+J 键将背景图层复制到新图层内，如图 A1-21 所示。

Step 03 单击菜单栏中的“滤镜>风格化>浮雕效果”命令，在弹出的对话框中设“角度”为 135，“高度”为 1，“数量”为 140，单击“好”按钮，效果如图 A1-22 所示。

图 A1-21 复制图层

图 A1-22 浮雕效果

Step 04 在图层控制面板中，设图层混合模式为“强光”模式，此时图层 1 中的图像与背景图层中的图像产生了混合效果，如图 A1-23 所示。这样边界锐化操作就完成了。

图 A1-23　混合效果

[提示]　如果对对象边界的精确度要求不是很高，通常采用这种方法进行图像的边界锐化。

附录2　3ds Max中解决文字不全的问题

　　我国用户一般使用中文版 Windows 操作系统，3ds Max 安装后会出现界面文字显示不全的问题，对于熟悉 3ds Max 的人来讲不影响软件的使用，但对于初学者来讲会造成学习上的困难，如图 A2-1 所示。下面介绍一种快捷方便的方法来解决文字显示不全的问题。

Step 01　在桌面上单击"开始>运行"命令，如图 A2-2 所示。

图 A2-1　字体显示不全

图 A2-2　执行"运行"命令

Step 02　在弹出的**运行**对话框中输入"regedit.exe"，单击"确定"按钮，如图 A2-3 所示。

Step 03　在弹出的**注册表编辑器**对话框的菜单栏中单击"编辑>查找"命令，如图 A2-4 所示。

图 A2-3　输入命令

图 A2-4　注册表编辑器

Step 04　在弹出的**查找**对话框中输入"svgasys.fon"，如图 A2-5 所示。

图 A2-5　输入查找内容

Step 05　单击"查找下一个"按钮，稍等片刻会显示出查找结果，如图 A2-6 所示。

图 A2-6　查找结果

Step 06　双击 FONTS.FON 文件，在弹出的 **编辑字符串** 对话框中将"svgasys.fon"改为"vgasys.fon"，单击"确定"按钮，如图 A2-7 所示。按 F3 键继续查找，并用同样的方法将所有"svgasys.fon"改为"vgasys.fon"，然后重新启动系统。之后 3ds Max 就可以显示完整的文字了。

图 A2-7　修改文件名

附录3　3ds Max 中自建材质库的方法

在使用 3ds Max 制作场景效果图的工作中，很多时候创建的材质是可以重复使用的，这样能够有效避免重复劳动。下面介绍建立个人材质库的方法。

Step 01 假设现在已经制作好了一个塑料材质，并为其命名为"塑料效果"。将该材质赋予一个对象后，选择该对象。单击材质编辑器中的 📀（获取材质）按钮，打开 **Material/Map Browser**（材质/贴图浏览器）对话框，单击 Browse From（浏览自）选项组中的 Selected（选定对象）单选按钮，在右边的材质区域会出现编辑好的"塑料效果"材质，如图 A3-1 所示。

图 A3-1　Material/Map Browser 对话框

Step 02 选择这个材质，在 File（文件）选项组中单击 Save As（另存为）按钮，在弹出的对话框中输入材质库名称并单击"保存"按钮，如图 A3-2 所示。

图 A3-2　存储自己的材质库

Step 03 如果想使用材质库中的材质，选择材质编辑器中的一个空白样本球，单击 按钮，打开 **Material/Map Browser** 对话框。单击 Browse From 选项组中的 Mtl Library（材质库）单选按钮，单击 Open（打开）按钮，在弹出的对话框中选择之前保存的材质库，单击"打开"按钮即可，如图 A3-3 所示。

图 A3-3　选择材质库

Step 04 这样就可以在 **Material/Map Browser** 对话框右侧的材质列表中找到材质库中的材质了。双击一个的材质可以将其加入到材质编辑器的样本球上。如果需要继续增加材质到这个材质库中，确认当前材质库为打开状态，选中要存储的材质所在的材质样本球，单击 （放入库）按钮即可。

附录4 个人快捷键的设置方法

3ds Max本身就有快捷键设置选项，但因为每个人的具体工作不一样，有一些系统默认的快捷键用起来不是很方便。合理设置自己的快捷键，不但能提高工作效率，而且会使操作更加专业。下面介绍如何设置自己的快捷键。

Step 01 以设置Extrude（挤出）修改器的快捷键为例。在菜单栏中单击Customize（自定义）>Customize User Interface（自定义用户界面）命令，打开 **Customize User Interface** 对话框，如图A4-1所示。

图A4-1 Customize User Interface 对话框

Step 02 在Category（类别）下拉列表中选择Modifiers（修改器），下面的列表中将列出所有的修改器。选择Extrude Modifier，在Hotkey（热键）文本框中输入快捷键名称，如Shift+0，单击Assign（指定）按钮完成指定，如图A4-2所示。如果该修改器本身就有自己的快捷键，需要先单击Remove（移除）按钮删除原有的快捷键。

图A4-2 指定快捷键

当上面的工作都完成后，保存属于自己的快捷键文件，它的后缀是.kbd。单击 Save（保存）按钮，在弹出的对话框中保存为 me.kbd，如图 A4-3 所示。以后就可以通过单击 Load（加载）按钮调用自己的快捷键了。通过复制 kbd 文件，即使在另一台计算机上的 3ds Max 中也可以使用自己设置的快捷键。

图 A4-3　保存快捷键文件

附录5　3ds Max 的搜集材质工具

在 3ds Max 中制作场景时，使用的贴图往往是从不同目录添加的。通过单击菜单栏中的 File>Archive（归档）命令，可以将场景打包成一个压缩文件，但是解压后贴图还是分散在各自的目录下，使用非常不方便。下面介绍一种将贴图收集到一起的方法。

Step 01 打开一个场景文件，在 **T**（工具）命令面板中单击 More（更多）按钮，在弹出的对话框中双击 Bitmap/Photometric Paths（位图/光度学路径）选项，将 Bitmap/Photometric Paths 工具集成到 **T**（工具）命令面板中。单击该按钮，使其变为激活状态，此时出现 Path Editor（路径编辑器）卷展栏。

Step 02 在卷展栏中单击 Edit Resources（编辑资源）按钮，此时会弹出一个 **Bitmap / Photometric Path Editor** 对话框，其中显示出所有的贴图路径，它们现在没有存储在一个目录下，如图 A5-1 所示。

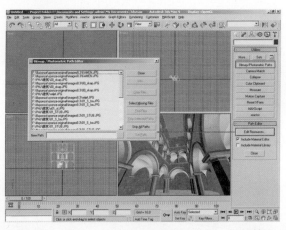

图 A5-1　Bitmap/Photometric Path Editor 对话框

Step 03 框选所有的贴图路径，单击 Copy Files（复制文件）按钮，在弹出的对话框中选择一个目录，然后单击 Use Path（使用路径）按钮，将这些零散的文件复制到同一个目录下（如 F 盘的 maps 目录），如图 A5-2 所示。

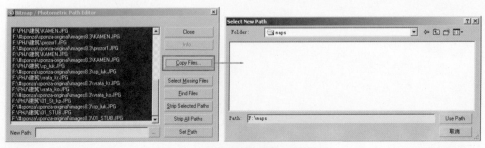

图 A5-2　将贴图复制到一个目录下

Step 04 下面需要将收集在一起的贴图重新指定到场景文件中。单击 New Path（新建路径）的 □ 按钮，选择刚才复制的目录（如 F 盘的 maps 目录），单击 Use Path 按钮。最后单击 Set Path（设置路径）按钮，所有贴图文件就自动指向 F 盘的 maps 目录了，如图 A5-3 所示。

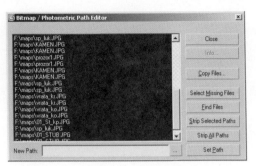

图 A5-3　所有贴图文件自动指向该目录

附录 6　光域网一览

壁灯 | 吊灯 | 射灯 | 台灯 | 筒灯

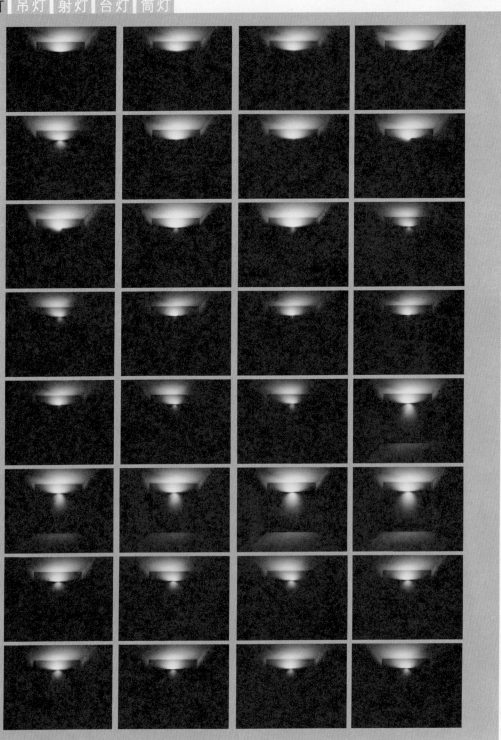

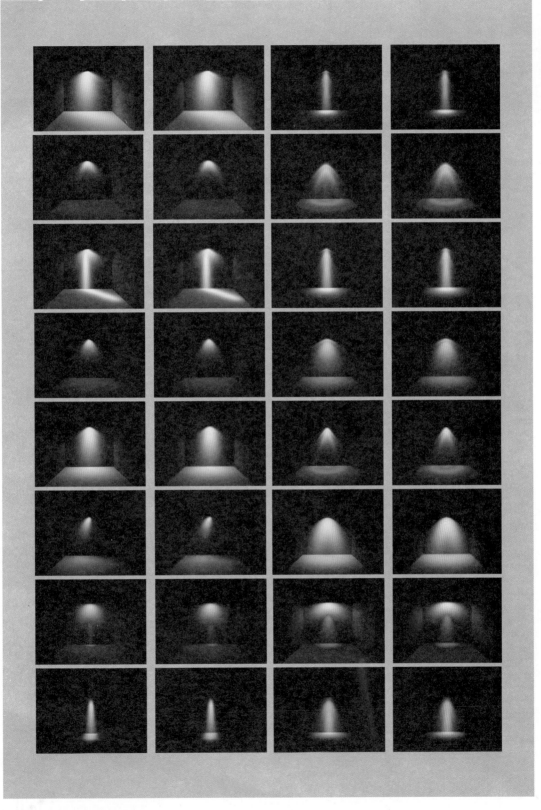

壁灯 吊灯 射灯 台灯 筒灯

壁灯 吊灯 射灯 台灯 筒灯

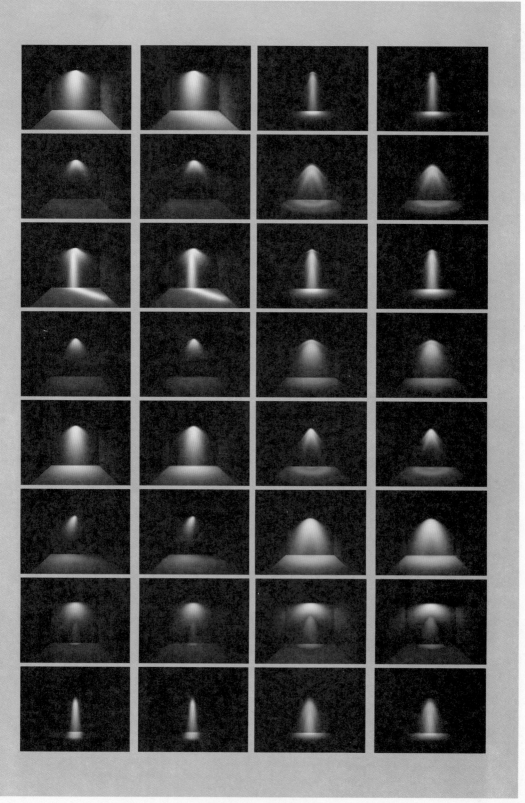

壁灯 吊灯 射灯 台灯 筒灯

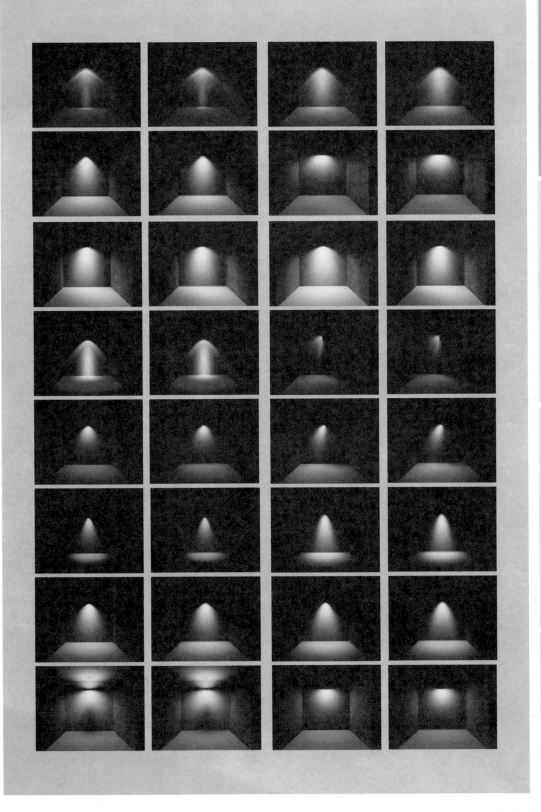

壁灯 吊灯 射灯 台灯 筒灯

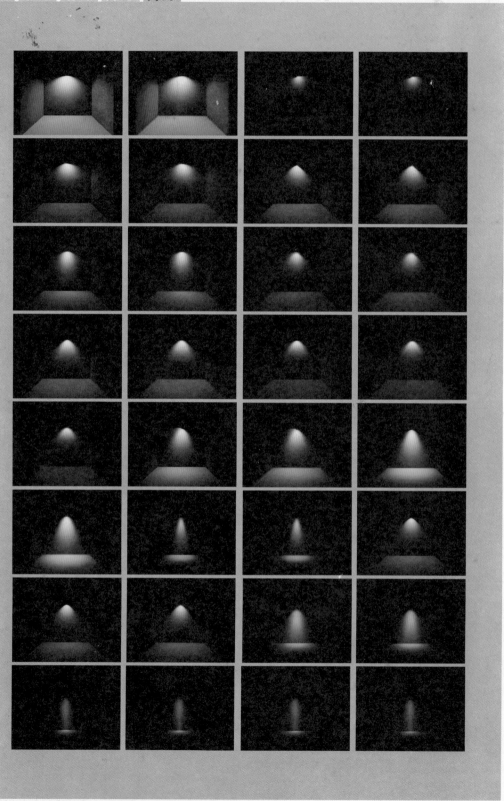